家庭必備的
醫學事典

疾病×藥品×醫用語
實用的醫療小百科

醫學博士 中原英臣 監修
謝承翰 翻譯

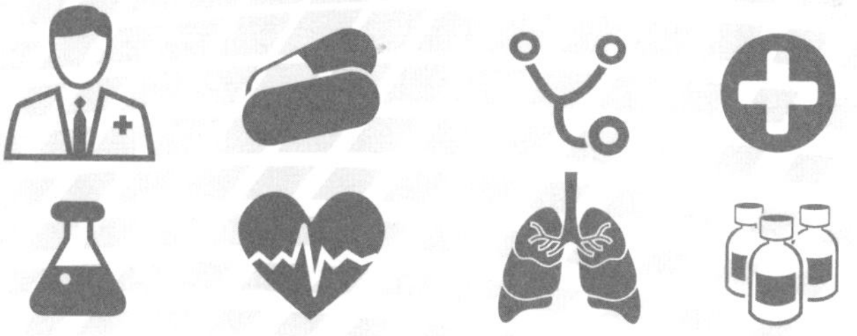

前言

使用本書的方法

在面對疾病時，再也沒有比「無知」還要可怕的事情了。例如，每個人都有可能罹患「感冒」，而感冒其實是所謂的「感冒症候群」。當病毒及細菌藉由鼻腔、咽喉進入人體時，就會因氣管發炎而引發感冒症狀。光憑藥物無法治癒感冒，靜養並攝取易消化且富含營養的食物才是最為重要的治療方法。

除此之外，隨著時代更迭，「過動症」「諾羅病毒」「代謝症候群」「學名藥」等嶄新用語亦不斷出現。因此我們迫切需要進一步理解這些用語。

本書以「至少該知道的知識」做為焦點，簡單易懂地收錄了生活中可能聽到的一般疾病，乃至諸般醫療、健康領域的主要名稱與用語。

當各位對某個醫療、健康領域的用語**感到困惑不解時，即可翻閱本書查找該用語，這是本書最為有效的使用方式**。若能幫助各位在維持健康上起到些許助益，那麼我將感到不勝榮幸。

※於書末設有「索引」，可利用筆畫查找相關用語。

目錄

第二章　治療時該知道的基本常識

第三章 那些常常在醫院聽到的詞彙

第四章 這些到底是什麼藥？

第五章 防患未然的急救知識

※本書乃是就疾病、醫療、健康等方面的基本用語加以說明，有關症狀的詳細說明請洽家醫科、相關醫師諮詢。

第一章

這到底是什麼疾病呢？

異位性皮膚炎
Atopic Dermatitis

生活中避免壓力及刺激肌膚

Focal Point

曾經是一種在二十歲前幾乎會痊癒的皮膚疾病

調查結果指出，目前二十歲以下的未成年人當中，每十人就有一人罹患「**異位性皮膚炎**」。異位性皮膚炎曾被認為是一種嬰幼兒特有的疾病，半數患者會於兩歲前痊癒，而未於兩歲前痊癒的患者當中，又有一半會在十歲前痊癒。絕大多數的患者都會於二十歲前痊癒。

但事實上並非如此，資料顯示：有些患者即便年過二十，病情仍然無法獲得根治；此外，也有患者於成年後，病情再次復發。在諸般現代疾病當中，我們可以說——異位性皮膚炎是特別棘手的一種。

專家學者認為，異位性皮膚炎是一種起因於遺傳性過敏因素，亦即「異位性體質」的皮膚發炎症狀，但是就現狀來說，醫學界仍尚未掌握其正確原因。普遍而言，當患者對花粉、灰塵、塵蟎、寵物毛髮、特定的食物等事物產生過度反應時，就會導致皮膚發炎，但亦有論點認為異位性皮膚炎乃是遺傳性疾病。

全身發癢是異位性皮膚炎的一大特徵，由於皮膚發癢而以指甲搔抓，形成傷口結痂，此時若是再繼續搔抓則會導致肌膚逐漸變厚。發癢程度也根據季節有所不同，冬季的空氣較夏季乾燥，因此患者的發癢程度也會加劇。

在治療方法上，首先須抑制皮膚搔癢的症狀，藉此保護肌膚。患者可以於皮膚塗抹白色凡士林等保養品，避免皮膚乾燥發癢，有時會因此而獲得改善；但若症狀仍遲遲未舒緩時，醫師則會開立抗組織胺劑及抗過敏劑等藥物給患者服用，應對其症狀。

而在飲食方面，患者亦須盡可能地避免攝取以辛香料調味、口味較為刺激的食物，同時也盡量別穿著會對肌膚造成刺激的材質衣物。

研究指出，壓力累積不消亦會對異位性皮膚炎的治療造成負面影響，因此維持生活規律，且以較不刺激的肥皂等清潔用品保持肌膚清潔相當重要。

酒精成癮

Alcoholism

長年酗酒過量是酒精成癮的原因

Focal Point

唯有「戒酒」才能幫助治療

我們將「患者無法自行控制喝酒的欲望，身心靈對酒精已形成依賴」的狀態稱作「**酒精成癮**」。

長年酗酒過量將會引發酒精成癮的疾病，患者戒酒時會產生所謂的酒精戒斷症候群（Alcohol Withdrawal Syndrome，亦稱脫癮症候群），導致眼前出現幻覺，或是引發痙攣等。此時的痙攣也稱作「震顫」，指的是手腳等某個身體部位，乃至於全身出現無意識抖動的症狀。

酒精成癮的患者為了抑制痙攣及幻覺，便會喝下更多的酒，陷入負面循環。此時患者的狀態已難以自拔，很可能會將喝酒視為生命中最重要的事物，為了喝酒而罔顧與朋友的約定，甚至是自己的興趣。就算因為喝酒引發衝突，患者也感到無所謂。

除此之外，酒精成癮不只會造成心理層面的傷害，亦是引發肝功能障礙、肝硬化、糖尿病等重大疾病的一大要因。當症狀繼續加劇，甚至會造成腦萎縮、酒精性失智症等症狀。

遺傳因素亦是造成酒精成癮的要因之一，但生活環境、個性等還是主要的原因。當患者因為工作、家庭累積過多壓力，產生不安的情緒，導致在日常生活中長期處於憂鬱狀態時，便會不由自主地將手伸向酒精，希望透過喝酒獲得精神安定。

戒酒乃是克服酒精成癮的基本原則，但是單靠患者自行戒酒著實困難，建議參加戒酒自助團體，與相同病症的夥伴們一同克服。除此之外，患者家屬的理解也很重要，家屬可至戒酒自助團體諮詢，學習酒精成癮方面的知識。

而服用「抗癮劑」的藥物療法也能幫助治療酒精成癮。抗癮劑會阻礙人體代謝酒精，因此，若於服用抗癮劑後喝酒，會在隔天產生強烈的宿醉，進而令患者對喝酒產生恐懼。抗癮劑是需要獲得患者本人同意後才可使用的藥物。

酒精成癮會同時侵蝕患者的身心狀態，建議可尋找抒解壓力的管道，並且與周遭朋友或是醫師相談，不要獨自一人面對。

呼吸困難

Dyspnea

不只是呼吸器官的疾病!?

Focal Point 自行觀察症狀後，接受醫師診斷

「**呼吸困難**」，亦可改稱作喘不過氣。造成呼吸困難的原因有各種各樣。單純想來，所謂「呼吸困難」可說是因為呼吸器官疾病所導致的症狀。除此之外，對肺臟造成影響的多重器官病變，如心血管疾病等，亦會引發呼吸困難；心因性疾患、胸肌疼痛、肋骨骨折等症狀也有可能造成呼吸困難。因此，不能一概而論地診斷為呼吸器官方面的疾病，可說是相當棘手。

有時呼吸器官方面的疾病，如感冒、肺結核等感染症，乃至支氣管炎、流感等也會造成呼吸困難，上述是較容易判斷的症狀；此外**限制性肺疾病**、**阻塞性肺疾病**、**肺氣腫**、**氣喘**等疾病也可能是造成呼吸困難的要因。

限制性肺疾病將會造成肺部吸氣量減少，而阻塞性肺疾病則會令患者出現無法

將吸入的空氣排出之症狀。兩者都可以透過肺功能檢查分辨病狀，建議前往呼吸科接受診斷。

而心臟衰竭、**肺水腫**、心肌梗塞、狹心症等也是造成呼吸困難的原因之一，肺水腫患者即便是在夜間也會出現呼吸困難及喘不過氣等症狀。

如果感覺自己容易有呼吸困難的症狀，可以試著回想此症狀是突然出現，還是逐漸出現；是否有身體發熱、手足麻痺等徵狀，以及吸菸程度、工作壓力狀況等生活環境條件，於醫院接受醫師診斷時主動告知，如此一來可讓診斷效率更加良好。

呼吸困難分級	
1 度	可與同年齡層的健康者從事相同勞動工作，在行走、上下樓梯方面亦與健康者無異。
2 度	行走方面與同年齡層的健康者無異，但無法如健康者一般上下坡道、樓梯。
3 度	於平地亦無法與健康者一般行走，但可以憑自身步調行走達約 1.6 公里以上。
4 度	無法行走達 50 公尺以上，除非走走停停地休息。
5 度	日常對話、換穿衣物亦會造成呼吸困難，因為此症狀而無法外出。

流感 Influenza

A型流感會造成全球大規模流行

Focal Point 平日就要注重保暖

「**流感**」——當人們感染流感病毒時，則會罹患此疾病，亦即感染症。當流感患者打噴嚏、咳嗽時，則病毒會隨之飛散，可能造成吸入性感染。

流感病毒又可分為A型、B型、C型三種，會造成大流行的則為A型。譬如於西元二〇〇九年春季至隔年造成全球大規模流行的H1N1新型流感病毒，即為A型。H1N1疫情於墨西哥爆發，同年六月，WHO（世界衛生組織）亦宣布H1N1疫情為「**大流行**」（造成全國性、全球性流行的感染症），相信仍有許多讀者對此記憶猶新吧。

每年十二月至二月是日本的流感流行期，主要症狀除了出現三十九度以上的高燒之外，還有會造成患者顫抖不已的惡寒、關節疼痛、頭痛、全身倦怠等症狀。

在持續二至三天高燒不退後，患者會持續有喉嚨疼痛、鼻水等與普通感冒相同的症狀，病發後約一星期即可看到恢復跡象。

市售的感冒藥、抗生素則對流感病毒無效。

當醫院於病發後四十八小時內診斷為罹患流感時，即會開立抗流感藥物給患者服用，若未能於病發後四十八小時內服用，則不會產生功效。因此當各位感覺自己罹患流感時，應盡早前往醫院接受醫師診斷。

特別是當幼童、高齡者、孕婦、心臟病或糖尿病等慢性病患者，若對症狀放著不管，更有可能出現肺炎、中耳炎、腦炎等併發症，務必要多加注意。

克流感是一種有效的流感治療藥物，不過，有報告指出，幼童服藥後有可能出現行為異常等問題。克流感具有解熱作用，但當身體透過發熱消滅病毒時，克流感反而會讓體溫降低，可說是造成了反效果。

除此之外，在兒童集體接受流感疫苗注射的案例當中，亦出現過無效的情況。

日常生活中避免睡眠不足，維持正常體能乃是預防流感的必要事項。而透過適度運動來溫暖身體也是有效的預防方法。

勃起不全

Impotence

無法充分勃起至可以性交的狀態

Focal Point

接受糖尿病等手術不會造成勃起不全!?

「**勃起不全**」，係指無法勃起至可性交的狀態，或是因無法維持勃起而難以性交的狀態。近年來，也被稱作**勃起功能障礙**（Erectile Dysfunction, ED），相信各位之中也有人聽過這個詞吧。

除此之外，亦有一種疾病稱作**陰道內射精障礙**，雖說患者可充分勃起至可以性交的狀態，但卻無法於女伴的陰道內射精。估計日本國內就有約五百萬名患者。而精神層面的要素常會是造成勃起不全的主因。舉例來說，性器官過小、過於緊張、新婚燕爾或是初體驗等煩惱造成無法順利性交，進而導致勃起不全。

上述現象常見於性經驗較少者的身上，可說是因為那種「害怕下次仍會失敗」的極度不安造成勃起不全的症狀。除精神層面的要素外，也有人因為**腦垂腺機能**

衰退症等疾病而造成第二性徵無法出現，導致勃起不全。而這類案例的患者，因為一生中都沒有勃起經驗，因此須採用注射男性荷爾蒙等方式來治療。

而年過四十的男性有可能因為年齡漸老、慢性疾病（憂鬱症、心臟病等），乃至接受攝護腺手術等導致勃起不全。在這類器質性勃起不全的治療上，必須先治好造成其原因的疾病。

糖尿病患者也會罹患勃起不全的說法已行之有年，但這卻是倒果為因的無稽之談。真實情況乃是因為「罹患糖尿病」一事導致患者處於喪失自信的狀態，才會容易出現勃起不全的症狀啊。接受攝護腺肥大手術的患者情形亦然，可說是因為心理層面不安，導致症狀進一步加劇。

泌尿科與精神科都可為患者治療勃起不全，但若希望醫師開立**威而鋼**（西地那非檸檬酸鹽）的人，則須先於內科或是泌尿科接受醫師診斷，通過心電圖與血液檢查後才可開立處方。

Viral Hepatitis

病毒性肝炎

有數種感染途徑的肝功能障礙

Focal Point

除A型以外都有重症化的疑慮

當患者感染肝炎病毒，該病毒於體內大量繁殖將導致肝功能障礙，總稱為「**病毒性肝炎**」。

病毒性肝炎又可分為A型、B型、C型、D型、E型。此外尚有G型與TT型。研究指出上述病毒性肝炎亦與肝炎有所關連。

飲用生水、生吃海鮮類將會感染A型病毒性肝炎。亦即經口感染。此類病毒性肝炎曾因衛生環境欠佳而於日本造成大流行，但目前日本國內已少有感染A型病毒性肝炎的案例了。雖說如此，前往東南亞等下水道設施尚未完備的地區旅行等時，仍有不少病發案例。

一旦感染，將於二至六週的潛伏期後病發，初期有身體發熱、全身倦怠、嘔吐感、食欲不振等症狀發生，數天後則會出現黃疸（眼白部分發黃等）。出現黃疸時則務必住院接受治療，但症狀輕微的A型病毒性肝炎也有很多自然痊癒的案例，因此請留意飲食均衡，靜養以待症狀痊癒。

B型病毒性肝炎的傳染媒介則為血液與體液。主要為母子垂直感染，而根據資料顯示，多重性伴侶造成罹患的情形也不在少數。而亦有在罹患B型病毒性肝炎之後，幾乎沒有症狀出現就直接痊癒的案例，但病毒也可能會持續殘留於體內，演變成慢性肝炎。

C型病毒性肝炎則與B型相同，感

病毒性肝炎的主要種類

A型	B型	C型
將受病毒感染的飲食（海鮮類或是生水）吃進體內而造成感染。潛伏期為2～6週，罹患後體內將產生免疫力，因此不會再次罹患。	經由血液、體液等造成感染。大多為母子垂直感染，但因性行為而造成感染的案例也不在少數。感染後會併發急性肝炎，但幾乎不會演變為慢性肝炎。	在過去，接受輸血或是使用血液製劑有可能造成感染。而雖說會併發急性肝炎，但是因為症狀輕微而被忽略的情況也不在少數。

染媒介亦為血液與體液。曾經有人因為輸血或使用不乾淨的針頭而造成感染，但其感染力沒有B型來得強。不過，亦有感染後演變成慢性肝炎的案例，此時則要透過**干擾素**（當生物體受病毒感染時，細胞加以反應而製作出的蛋白質）等方式進行治療。

而在感染B型病毒性肝炎時，也有可能會一併感染D型；E型則是會因為攝取不乾淨的飲水或是肉品等飲食而造成感染。生活於日本的人們幾乎沒有感染上述兩者的案例，但也曾有人因為食用山豬肉而罹患E型病毒性肝炎。

除了A型病毒性肝炎以外，當其他種病毒性肝炎的症狀加劇時，還有可能發展為**急性病毒性肝炎**（於急性肝炎當中，破壞肝細胞的速度特別快速的類型），或是演變為慢性肝炎。因此，當各位有罹患病毒性肝炎症狀的疑慮時，請接受醫師諮詢，以獲得妥善治療。

憂鬱症 Melancholia

正義感強的人容易罹患

Focal Point 請小心地使用抗憂鬱劑

研究指出，當腦部的**血清素**等神經傳導物質失衡，即會罹患「**憂鬱症**」。患者天生的性格、遺傳、壓力、身體要素（疾病及荷爾蒙分泌的變化）等常常都是導致憂鬱症纏身的原因。

憂鬱症的症狀包括：心情急遽低落、對興趣缺乏關心、感到過度的罪惡感、思考能力降低等。除此之外，出現身體方面的症狀也是其特徵所在，亦有患者會因此有睡眠不足、頭痛、眩暈、便祕、腹瀉等症狀。當身心方面的上述症狀持續達兩週以上時，則有罹患憂鬱症的疑慮。

個性一絲不苟的人也較容易罹患憂鬱症。正義感強烈、對工作熱衷、完美主義者的人亦是罹患憂鬱症的高風險族群。由於對自己過於苛刻，因而引發壓力，並進一步演變為憂鬱症。

除此之外，人生種種事件導致憂鬱症的情形也並不少見。例如：痛失血親、遭到公司解聘、罹患重病，乃至於生產、搬家、孩子離家自立等。人們也有可能因為某件事而突然罹患憂鬱症。

當罹患憂鬱症時，患者將會處於精神脆弱的狀態，此時休養生息，調劑身心可說是相當重要。總而言之，患者需要悠哉地休息一陣子。

憂鬱症也可透過藥物治療，療程當中會使用SSRI（選擇性血清素回收抑制劑）、SNRI（血清張力素與正腎上腺素重吸收抑制劑），患者需持續服藥至症狀完全康復。接受藥物治療時，若是於療程中停藥，本來控制住的症狀很有可能捲土重來，因此有必須持續服藥的難處。

而事實上，亦有論點指出，使用前述的抗憂鬱劑反而會造成反效果。因此在使用上需抱持著一定程度的注意。或許靜待憂鬱症自然恢復會是較好的方法呢。

家人的職責在此時也相當重要。因為除了家人以外，沒有人可以隨時給予憂鬱症患者支持。最壞的情形，憂鬱症患者有可能會走向自殺一途，因此，溫和且不厭其煩地守候在患者身邊，這可說是最為重要的一件事情。

憂鬱症自我檢視表

		沒有	有時	常常	隨時
01	容易覺得身體疲勞而倦怠				
02	對噪音感到在意				
03	最近總感覺心情沉重				
04	在聽音樂時會感到開心				
05	早上時身體特別無力				
06	能熱衷參與他人討論				
07	肩頸相當痠痛				
08	有頭痛的症狀				
09	因為失眠而一早就醒來				
10	容易發生意外或是受傷				
11	食欲不振、食之無味				
12	看電視時會覺得開心				
13	有呼吸堵塞而胸悶的情況				
14	好像有異物堵塞在喉頭的感覺				
15	對人生感到乏味				
16	工作效率難以提高，做任何事情都覺得麻煩				
17	曾有過與現在類似的症狀				
18	熱衷於工作，做事一絲不苟				

計算方式

沒有：**0 分**／有時：**1 分**／常常：**2 分**／隨時：**3 分**
請根據以上規則計算出總分。但 2、4、6、8、10、12 題不列入計分。

★ 16 分以上：有罹患憂鬱症的疑慮，請至專門機關接受診斷。
★ 15 ～ 11 分： 處於蓄積有精神疲勞的狀態，建議適當休養，或是接受諮商師等專業人士的諮詢。
★ 10 分以下：處於精神健康無恙的狀態，未來也請繼續保持不會累積過多壓力的生活。

（本表參考東邦大學式憂鬱症自我檢視表製作而成）

過動症

Attention Deficit Hyperactivity Disorder

有不專心、過動、衝動等症狀的發展性障礙

Focal Point

成人亦會罹患過動症

有些孩子有缺乏注意力，或是於課堂上擾亂其他同學聽課，這令家長誤以為是自己教導孩子無方所導致……。當然有時候真的是家長沒有教好，但或許是孩子罹患了「**過動症**」。

近年來，新聞媒體提到的過動症究竟又是怎樣的疾病呢？

過動症可取英文字首，簡寫為「ＡＤＨＤ」，也被譯為「注意力缺失與過動障礙」，是一種**發展性障礙**，患者將會出現與年齡、心智發展不符的注意力缺乏、過動、衝動等狀態，會對日常生活及學校生活等造成阻礙。

「缺乏注意力」「過動」「衝動」是過動症的三個主要症狀：「缺乏注意力」會令患者無法專心、精神容易渙散；「過動」則會讓患者難以安靜不動；「衝動」

則會使患者想到什麼就會馬上付諸行動、無法遵守順序等，上述行為都可能會出現在過動症患者身上。

所謂發展性障礙，則是指在出生及幼兒時期，患者大腦的高層次功能出現語言障礙等問題。某些發展性障礙並不會伴隨智能發展遲緩，除了本節所提到的過動症之外，還包括學習障礙、兒童自閉症、**亞斯伯格症候群**（自閉症的一種，患者會有不易與他人溝通、難以建立社交關係、在想像力與創造力等方面出現障礙等症狀）等。

時至今日，專家學者們尚未判明導致兒童罹患過動症的原因，可能原因則包括腦部中樞神經以及神經傳導物質出現異常，乃至於外傷、腦炎等。根據日本文部科學省之調查，日本約有百分之二．五的學齡期（六到十五歲）兒童有罹患過動症的疑慮。

誠如前面所述，家長對孩子的教育並不是導致過動症的原因，因此，當孩子身上出現過動症的症狀時，建議洽詢綜合醫院或是大學附屬醫院的兒童神經科、兒童精神科尋求幫助。

而改善孩子周遭環境的平衡，則是治療上的優先事項，若有必要也會在往後的治療上配合藥物治療。由於過動症治療必須配合家長合作，因此家長要調整好自己的心態，當孩子的症狀出現些微改善徵兆時，可給予其鼓勵等，藉此與孩子一同邁向康復之道。

除此之外，不只是兒童會罹患過動症，過動症的患者也包括成人。這並不代表患者是在長大成人後才罹患過動症，而是在兒童期就已經罹患了過動症，直到長大成人後仍有某部分症狀未能痊癒。此類患者的特徵在於：會因粗心大意而不斷搞砸工作、無法遵守約定、無法依序處理工作，乃至個性焦躁而缺乏沉著等。當有上述症狀時，即有罹患成人過動症的可能性，可前往心身醫學科、精神神經科等門診接受醫師診斷。

感冒 Cold

感冒的正式名稱為「感冒症候群」

Focal Point

「感冒是百病之源」

大家普遍都將某類症狀稱作「**感冒**」，而感冒的正式名稱為「感冒症候群」。幾乎所有感冒都是因為病毒、細菌侵入鼻腔、咽部、扁桃腺等氣管而導致發炎，因而罹患的疾病。會有流鼻水、頭部與喉嚨疼痛、咳嗽、卡痰等症狀。若是因克沙奇病毒（一種腸病毒）侵入體內時，則會在喉嚨痛等症狀之餘，併發腹痛、腹瀉等症狀。

感冒的恢復速度根據個人差異而有所不同，普通的感冒都會在罹患約一週後逐漸康復。在治療細菌性感冒時，服用抗菌藥物是最為有效的方法，而在治療病毒性感冒時，由於尚未有對病原病毒有效的藥物，因此只能夠仰賴對症療法。

市售的感冒藥中，除了有綜合型感冒藥，亦有專攻喉嚨痛、發燒、咳嗽等個別症狀的類型。誠如前面所述，目前尚未有一種藥物能立即治好感冒，根據症狀選用藥物是個不錯的方法。

所以靜養，並且充分保暖與保濕，同時攝取容易消化的高營養價值食物及水分，是治療感冒的最佳方法。返家後確實漱口及洗手更是在感冒預防上最重要的行為，能避免病毒與細菌侵入體內。某個論點指出，正常人每年都會罹患五至六次感冒，而自然康復的案例也不在少數。

除此之外，感冒症狀也酷似氣喘、心臟衰竭等疾病的初期症狀。俗話說「感冒是百病之源」，與其說這是代表感冒將會引發諸般疾病，更該代表感冒症狀酷似其他疾病的初期症狀呢。

因此，即便症狀與感冒相似，有時也有可能是罹患重大疾病的開始啊。假如感覺症狀稍異於往常的感冒時，建議直接前往醫院接受妥善檢查才是。

花粉症 Pollinosis

每四個日本人就有一人罹患，日本的國民病

Focal Point 之所以會流鼻水和打噴嚏的原因

某個學說指出，每四個日本人就有一人罹患「**花粉症**」。現在花粉症已可說是日本的國民病。

花粉症是當杉樹、扁柏等植物的花粉進入鼻腔、眼睛時引起的過敏反應。除了杉樹與扁柏的花粉之外，豬草、鴨茅、貓尾草、白樺的花粉也是造成過敏反應的主因，再包含其他植物，則約有六十種植物會造成過敏反應。

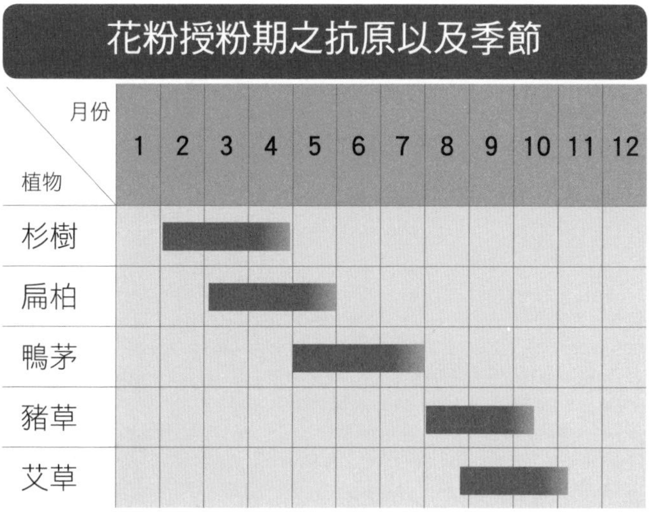

花粉症的症狀有流鼻水、鼻塞、打噴嚏等，有時也伴隨喉嚨、皮膚搔癢，以及腹瀉、發燒等症狀。令人意外地，花粉症其實是個棘手的疾病。

當花粉這種異物（抗原）進入我們的體內，身體判斷需要將之排除時，則會開始製造對這種異物產生反應的物質，稱作「**免疫球蛋白E**」。體內產生此抗體後，當花粉再次進入，就會與鼻腔、眼睛黏膜肥大細胞（Mast Cell）當中的免疫球蛋白E結合，肥大細胞會分泌組織胺等化學物質。

此時，將花粉排出體外的機制開始靈活運作，導致患者出現流鼻水、不斷打噴嚏等症狀。花粉症會引發流鼻水以及打噴嚏等，是身體的自然反應。

關於花粉症的應對方法，包括使用抗過敏劑與抗組織胺的對症療法，以及定期注射杉樹花粉萃取液，藉此令身體適應抗原的根治療法。

選擇前者的對症療法時，於花粉授粉期的約兩週前開始服藥，就能產生優異效果，我想只要是長年飽受花粉症折磨的人都知道。症狀嚴重時，醫師會開給患者含有**副腎皮質類固醇**的內服藥物以及滴鼻劑、點眼藥等。

除此之外，戴口罩、護目鏡等物，藉此避免花粉進入體內是預防花粉症的根本之道。而外出返家時，也要先以手掌拍打外套及褲子等衣物，拍落花粉後再入家門，這也是有效預防花粉症纏身的方法之一。

有些人終其一生都未曾罹患花粉症，但突然病發也是花粉症的特徵所在。病發的機率與至今吸入體內的花粉量呈一定比例，因此各位在冬季時可以仔細確認新聞等媒體所發布的花粉資訊，藉此事先擬定對策。

狹心症

Angina Pectoris

因動脈硬化而陷入心肌缺氧的狀態

Focal Point

若心臟、胸下、左肩感到疼痛

當負責供給營養給心臟的血管——冠狀動脈血流量不足，或是血液流動滯塞時，心肌將會缺氧，進而引發「**狹心症**」。

大抵來說，當環繞於心臟周圍，負責輸送血液的冠狀動脈變窄時，即會引發狹心症。而造成冠狀動脈變窄的主要原因則是**動脈硬化**。當冠狀動脈變窄時，不久後就會陷入缺血，此時心臟的運作將會變得遲緩，並出現心臟緊縮、胸下與左肩疼痛等症狀。

而狹心症又可分為兩種：一種是於早晨、夜晚病發的安靜型狹心症，另一種則是於劇烈運動、用力排便時憋氣而引發的勞動型狹心症。狹心症一般多為後者。勞動型狹心症的症狀會在病發後數十秒，乃至十分鐘內消失，但為了不再病發，

何謂介入性心導管治療？

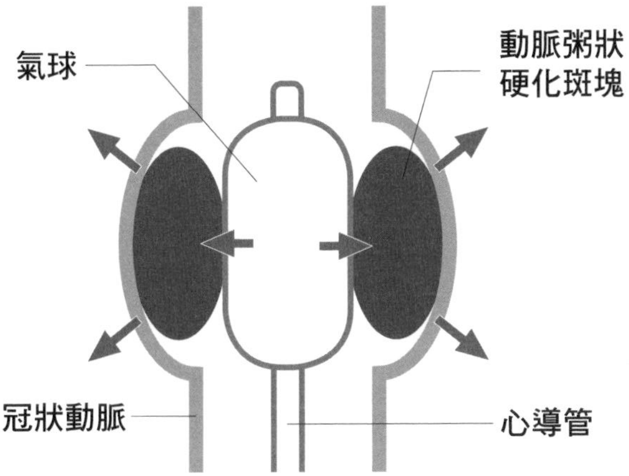

冠狀動脈的內壁形成動脈粥狀硬化斑塊（Atheroma）時，若此斑塊破裂，則很容易會造成血栓，並阻斷血液循環。因此就要在心導管（一條細管）的前端裝上氣球，並將之插入冠狀動脈，藉此令血液的通道變得更為寬廣。而此種手術則被稱作冠狀動脈氣球擴張術（PTCA）。

重新調整生活習慣一事相當重要。

專家學者亦指出，除了高血壓與糖尿病外，高血脂症、抽菸、缺乏運動、肥胖也會造成影響，提高罹患狹心症的機率。

誠如前文所述，冠狀動脈硬化是引發狹心症的主要原因，一旦出現動脈硬化的症狀，想要再次令動脈恢復健康可就是難若登天了。因此，在狹心症的治療上，醫師會採用藥物治療、**介入性心導管治療**、**冠狀動脈繞道手術**等。

用於治療的藥物則包括硝酸劑（硝酸甘油）、鈣離子阻斷劑、乙型交感神經阻斷劑等。舒緩血管緊張，藉此稍微減少心臟負擔，乃是服用上述藥物的目的。

硝酸劑具有令冠狀動脈擴張的作用。服藥時，患者將之含在舌頭內側，以唾液迅速將硝酸劑溶解，使人體迅速吸收其成分。鈣離子阻斷劑，是一種具有擴張冠狀動脈效果的藥物；乙型交感神經阻斷劑則具有抑制心臟功能，藉此減少心肌需氧量。

介入性心導管治療乃是將細細的心導管伸至冠狀動脈的入口處，並將氣球放入冠狀動脈狹窄部位後，令其膨脹，藉此撐開狹窄部位的手術。

而冠狀動脈繞道手術則是截取一部分的腿部靜脈，或是心臟附近的動脈，縫接合到冠狀動脈，藉此製造出一條新通道。當無法進行藥物治療及介入性心導管治療時，醫師則會選擇此方式，不會處理冠狀動脈的狹窄問題。

腹瀉 Diarrhea

因腸道異常而引發的軟便

Focal Point

也可視為胃癌的初期症狀

「**腹瀉**」，這是一種糞便轉為液態，乃至於半液態的症狀。造成腹瀉的原因各式各樣，當腸道蓄積大量液體時，就容易導致腹瀉。當人們大量攝取冷水、油脂進入體內，腸道無法加以吸收時，就會造成上述狀態。

此外，細菌與藥劑等對腸道產生影響，以致腸道黏膜組織發炎，或是荷爾蒙與藥劑等物促使腸道分泌水分，腸道蠕動過剩也是引發腹瀉的一大要因。

腹瀉又可分為急性及慢性等兩種類型。除了細菌、病毒感染外，食物中毒和精神層面的壓力也是造成急性腹瀉的原因。此時讓身體靜養是康復的不二法門，同時也要記得補充適當水分。採取藥物治療時，則會使用**止瀉劑**、腸蠕動抑制劑等藥物。

而大腸黏膜過敏與腸道內細菌增生等則是造成慢性腹瀉的原因。精神層面的壓力同樣也是引發慢性腹瀉的一大要因。在這種情況下，並不代表腸道本身出現病變，患者是罹患了一種名為**大腸激躁症**的疾病，以致腸道功能失常而造成腹瀉。腹瀉時，務必要注意攝取適當水分，以避免脫水。食物中毒時，除了腹瀉外，也會出現嘔吐症狀，以致體內水分急速流失。

普遍而言，體重減輕百分之一至二為輕度脫水、減輕百分之三至九為中度脫水、百分之十以上則為重度脫水。即便只是中度脫水，也可能引發眩暈、頭痛、倦怠感等，所以請務必注意。當各位出現上述症狀時，要立刻前往醫院接受治療，切記，不可猶豫。

除了單純的水分攝取過量之外，病毒性肝炎、胃癌、胰臟炎等疾病也有可能併發腹瀉症狀，因此當有腹瀉症狀時，亦有可能是其他身體病變的跡象。

高血壓 Hypertension

有可能併發腎臟病及心血管疾病

Focal Point

首先，從改善日常生活開始做起

「**高血壓**」指血壓的最高血壓（收縮壓）高於一四〇mmHg（以下省略單位），最低血壓（舒張壓）高於九〇的狀態。

以診斷上的基準而言，最高血壓一四〇到一五九、最低血壓九〇到九十九為輕度高血壓；最高血壓一六〇到一七九、最低血壓一〇〇到一〇九為中度高血壓；最高血壓高於一八〇、最低血壓高於一一〇為重度高血壓。

所謂血壓，指的是血液對血管壁形成的壓力，血壓值並非恆定，運動及興奮都會令血壓值出現變動。如果血壓值正常者當然沒問題，反之，若長期處於高血壓的狀態，則會併發其他疾病，因此需要加以治療。

高血壓又分為本態性高血壓和續發性高血壓兩種類型。

根據統計資料顯示，日本的高血壓患者幾乎都是本態性高血壓，原因則不甚清楚。但可能是鹽分攝取過量、缺乏運動、壓力蓄積、飲酒抽菸過量等所導致。亦即紊亂的日常生活將會引發本態性高血壓。由於本態性高血壓幾乎沒有自覺症狀，患者通常會於接受健康診斷，乃至於檢查其他疾病時才發現。此時務必要注意，本態性高血壓有可能成為導火線，讓患者併發腦中風、腎功能障礙、狹心症等疾病。

因此，若是改善了日常生活，仍發現症狀持續存在，建議於接受醫師諮詢後，採用藥物治療。進行藥物治療時，則會使用幫助降低血壓的降壓劑（利尿劑、鈣離子阻斷劑等）。

而續發性高血壓則是因其他疾病而引發的高血壓。三、四十歲的中年人常常會有腎臟病（腎絲球腎炎、腎盂腎炎等）、荷爾蒙異常、血管方面的疾病（大動脈縮窄、大動脈炎等）等病纏身；研究指出：這些疾病是造成續發性高血壓的原因所在。

不同於本態性高血壓，續發性高血壓的特徵是血壓會急遽上升，且不易下降。因此，重點在於先行治好造成高血壓的疾病，如果是可以透過手術治療的疾病，有時在術後，高血壓也會一併獲得改善。

口內炎

Aphthous Ulcer

出現於口腔黏膜的發炎症狀之總稱

Focal Point 口腔暴露於外界空氣當中

當人類吃東西、說話、呼吸時，一定都要將嘴巴打開。這是理所當然的事情，這也讓我們發現「人類的嘴巴會時常打開、閉起」。意味著口腔接觸到細菌、病毒、灰塵等異物的機會變得更多了。

「**口內炎**」，是各種出現於口腔黏膜之發炎症狀的總稱，大致又可區分為因感染細菌或病毒等而引發的類型，以及做為併發症出現的類型。

而口內炎又可細分為阿弗他性口內炎（潰瘍性口內炎）、卡他性口內炎、病毒性口內炎等類型。其中，阿弗他性口內炎的案例最多，患者的口腔黏膜將會出現圓形或是橢圓形、邊緣發紅的白色小潰瘍；數量有可能是一個，或同時出現兩到三個。

壓力、過勞、缺乏維他命、病毒感染等，造成阿弗他性口內炎的原因各異，事實上，醫學界也尚未釐清其原因。普遍而言，罹患阿弗他性口內炎後，一至二週間就會康復，而症狀遲遲未獲改善時，則有罹患**貝賽特氏病**等疾病的疑慮，建議洽醫師諮詢。

卡他性口內炎則會令患者口腔黏膜發紅腫脹、口腔發熱等；亦有症狀與感冒、胃腸道疾病一起出現的案例，或是口腔內部不乾淨、假牙等物抵於口腔黏膜上而引發卡他性口內炎的情形。

病毒性口內炎則有單純因感染疱疹病毒而產生的疱疹性口內炎（**口唇疱疹**），以及因感染**念珠菌**（一種黴菌）而產生的念珠菌性口內炎等類型。念珠菌時刻生長於口腔內，當口腔黏膜的抵抗力因某些原因而變弱時，就會大量繁殖。

骨質疏鬆症 Osteoporosis

鈣質溶解，骨質密度變低！

Focal Point 多吃優格、納豆、菇類

「**骨質疏鬆症**」指的是骨骼內的鈣質溶解，以致骨質密度降低，變得脆弱的一種症狀。「鬆」字，字典上解釋為「在蘿蔔以及牛蒡等植物的芯上形成的縫隙」，而罹患骨質疏鬆症的患者，其骨骼正是變得如此脆弱。

女性罹患骨質疏鬆症的患者較男性為多，根據資料顯示，六十五歲以上的女性最容易罹患骨質疏鬆症。這可說是當女性停經之後，女性荷爾蒙分泌量減少，以致骨骼形成鈍化所造成的結果。

當骨骼有著大量細微孔洞時，將會連絲毫衝擊都無法承受。因此患者的脊椎、手腕、肩膀、大腿骨等骨骼會很容易斷裂。骨質疏鬆症雖不像癌症及腦中風等疾病危及性命，但因容易骨折，以致患者無法隨意外出，有時甚至必須請看護來照

顧自己。

因此預防勝於治療，飲食療法則可說是最佳的預防之道。希望各位可以多加攝取製造骨骼的原料——鈣質，以及促進骨骼原料——蛋白質，生成的維生素K，還有讓骨骼代謝率增加的維生素D等營養素。

各位可以從牛奶、優格、小魚干、青菜等食材當中攝取鈣質，從納豆當中攝取維生素K，從菇類等食材當中攝取維生素D。請試著均衡攝取上述食材。

除此之外，缺乏運動也是造成骨質密度降低的要因之一。建議養成每天健走、慢跑的習慣，或是不搭電梯，改爬樓梯等，於日常生活當中一點一滴地付出努力。

根據以日本女性為對象的資料顯示，骨質密度會在十八歲時迎來巔峰（擷取自日本骨質疏鬆症官網）。亦即代表說，為了避免罹患骨質疏鬆症，自十幾歲起就需要多加保養骨骼了。

但是即便已經身處中高齡，也不可以疏於保養骨骼，為了盡可能地打造出一副不易骨折的身體，留意飲食量，避免肥胖也是個有效的方法。誠如前面所述，也請各位在飲食上注意攝取均衡營養。

血脂異常

Dyslipidemia

血液中的脂質過度增加而產生的疾病

Focal Point

好膽固醇與壞膽固醇

「**血脂異常**」係指血液中脂質異常增加的疾病。所謂脂質，即是膽固醇及中性脂肪。在日本，血脂異常曾經被稱作高血脂症（譯註：台灣目前則是兩種名稱皆有），但自二〇〇七年起則改為現有名稱。

血液當中有膽固醇、中性脂肪、磷脂質、游離脂肪酸四種脂質。即便上述脂質在血液當中大量增加，身體也是不痛不癢，因此當事人難以發現脂質已然出現異常。也因為這樣，往往要等到接受健康診斷時，才發現自己罹患了血脂異常。

如果對血脂異常的情形置之不理，增加的脂質就會蓄積於血管壁上，進而引發動脈硬化。但是就算情形已經如此嚴重，當事人仍不會感到任何疼痛，導致症狀繼續惡化。

在上述四種脂質當中，又以膽固醇與中性脂肪的過度增加會對人體造成危害。血脂異常可分為三種類型，分別是一、**低密度脂蛋白膽固醇**過多型；二、**高密度脂蛋白膽固醇**過低型；三、三酸甘油酯（中性脂肪）過多型。

當血液中的低密度脂蛋白膽固醇（壞膽固醇）氧化，即容易引發動脈硬化。對人體來說，中性脂肪是不可或缺的要素，但若數量過多則會導致高密度脂蛋白膽固醇（好膽固醇）減少，使得低密度脂蛋白膽固醇增加。當高密度脂蛋白膽固醇減少時，也就無法協助回收血液中的低密度脂蛋白膽固醇，導致低密度脂蛋白大量殘留於血液之中。

透過飲食療法改善體質，這是治療血脂異常的最佳法門。只要減少脂質攝取量，並多加攝取富含膳食纖維的飲食，便可幫助抑制脂質吸收。攝取富含抗氧化物的蔬菜也能避免低密度脂蛋白膽固醇氧化。當事人或許也該配合減少抽菸、喝酒的行為，並適當運動，藉此消除脂肪，同時鍛鍊出肌肉。

除此之外，若是因遺傳而罹患家族性高膽固醇血症的患者，則有很高的可能性會於年輕時期起就罹患心肌梗塞或是缺血性疾患，因此必須盡早接受治療。

食物中毒 Food Poisoning

首先以催吐來做緊急處理

Focal Point 細菌性食物中毒與化學性食物中毒

「**食物中毒**」指的是中了食物所含的毒。「中」這個字又有「中招」之意。食物中毒大致可區分為細菌性食物中毒與化學性食物中毒兩類，其中根據發生方式的差異，細菌性食物中毒又可再分成感染型食物中毒與毒素型食物中毒。

根據資料顯示，細菌性食物中毒是發生比率最高的食物中毒。感染型食物中毒是因為患者誤食已滋生細菌的食物，導致細菌於肚子裡繁殖，最後病發。感染型的病原體則可列舉出**沙門氏菌**、**腸炎弧菌**、**曲狀桿菌**等細菌。例如牛隻、豬隻、貓狗為沙門氏菌的宿主，當誤食含有該細菌的食材，或是細菌沾附到負責烹調該食材的人身上，即會造成感染。

當細菌大量繁殖並產生毒素（Toxin），即會引發中毒症狀，此為毒素型食物中毒。不同於感染型食物中毒，毒素型食物中毒會在患者吃下食物後的三十分鐘，乃至數小時內就出現嘔吐感、腹瀉、腹痛等症狀（感染型則會在十二至三十六小時內）。

化學性食物中毒則可分為：因食用河豚、牡蠣、草、菇類等食物，並因其中的自然毒素而造成的類型；以及因誤食農藥等化學物質而造成的類型。

有時我們會在新聞報導上看到有人因食用河豚而中毒，這是因為河豚的肝臟及卵巢中含有一種名為河豚毒素（Tetrodotoxin）的劇毒。誤食該毒素會使得舌頭和嘴唇麻痺，手腳、呼吸肌皆麻木不堪，因此須盡速送至醫院接受治療。

除此之外，日本很常會有人誤食毒菇而食物中毒。如鱗柄白鵝膏、火炎茸、疝疼乳菇等菇類都含有劇毒，即便不吃下肚，只要觸摸就會有危險了。有時也有可能導致死亡，因此需要小心留意。

當出現食物中毒的症狀時，催吐是進行緊急處理時的重點所在。請多次催吐，直到胃袋內一乾二淨。若是吃下含有毒素的食物後已過了一段時間，請立刻前往醫院接受治療。

催吐後請靜養身體，並在留意脫水症狀之餘，接受醫師的診斷。若因脫水症狀而進入**休克狀態**（血壓急遽下降，以致血液無法充分流遍臟器的狀態）時，則需要馬上叫救護車。

夏季較容易出現食物中毒的情形。希望各位可以避免使用放置過久的食材，並多多洗手。

自律神經失調 Dysautonomia

造成自律神經異常的心理疾病

Focal Point 心理、社會層面等壓力是原因所在

自律神經是一種會自行運作的神經，控制心臟跳動、皮膚排汗等身體功能，無法憑當事人的意志加以操作。而自律神經又可分為稱作活動神經的**交感神經**，以及被稱為休眠神經的**副交感神經**，並視需要加以區分使用。

「**自律神經失調**」指的是造成自律神經異常的狀態。患者的全身各處都會出現症狀，諸如頭痛、耳鳴、心悸、食道阻塞、手腳麻痺、多汗、肩膀痠痛、經期不順等。但即便患者前往內科或婦產科接受診斷，幾乎都不會檢查到異常。

誠如前面所述，「**不定陳述**」（全身出現諸般自覺症狀）是自律神經失調的特徵所在。

心理或社會層面的壓力是其原因所在。具體來說，除了人際關係，乃至於因換工作而來到新環境、熬夜等紊亂的生活習慣也是造成自律神經失調的原因之一。除此之外，過度在意他人目光或者不擅拒絕他人要求的性格、體質（自律神經的反應天生就較為敏感）容易腹瀉或嘔吐的人等，擁有上述特質者也可說是較容易罹患自律神經失調。

另外，若是患者為女性，則女性荷爾蒙的影響也可納入考量。由於女性荷爾蒙的分泌一生中都在持續變化，因此，我們也能夠認為，該變化會對自律神經造成影響。所以，自律神經失調可能存有心理層面的原因，接受心理治療或是諮商都是有效的治療方法。此外也能透過藥物治療，服用抗憂鬱劑或是抗不安劑來減輕患者心理層面的負擔。

假如在一開始前往內科或婦產科接受醫師診斷後，醫師發現患者的身體功能並無異常，有時會介紹患者改至神經科或是身心內科看診，此時從善如流地接受醫師建議會是不錯的選擇。

除此之外，心悸或是眩暈等症狀並非都是自律神經失調所導致，因此在看診時，確實地向醫師呈述身體出現哪些症狀是相當重要的。

但主要還是要改善自己的生活習慣，並配合適度的休養生息，才能夠讓自律神經失調的症狀自然康復。希望各位能盡可能地在日常生活中放鬆身心。

自律神經失調的原因

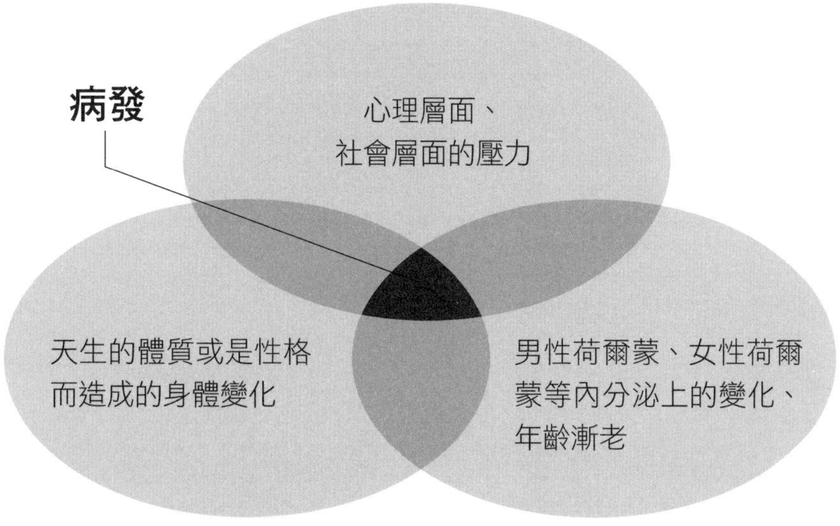

心肌梗塞

Myocardial Infarction

冠狀動脈阻塞，心肌壞死

Focal Point

胸口疼痛，宛如被人緊掐

「**心肌梗塞**」，是一種冠狀動脈的血管阻塞的疾病。當冠狀動脈的血管變窄，血流量減少則會引起狹心症，但心肌梗塞的嚴重程度可是狹心症無法比擬的。當人體無法向阻塞部位之後的心肌輸送血液，即會造成心肌壞死。

此外，由於無法向全身組織供應血液，患者在發作後會喪失意識，進而死亡的案例也不在少數。根據資料顯示，超過五十歲的男性病發率高，病發後的死亡率則達三成。

冠狀動脈硬化是造成心肌梗塞的原因，當血管因動脈硬化而阻塞的地方破裂，即會形成**血栓**（血塊），阻斷血液流動。造成心肌梗塞的原因與狹心症相同，但是不同於在激烈運動後發作的狹心症，心肌梗塞常常會突然地發作。也有患者在經歷數次狹心症發作後，心肌梗塞也跟著發作的案例。

胸口劇烈疼痛（宛如被掐緊般的疼痛）、喉嚨阻塞（呼吸困難）、冒冷汗等症狀乃是心肌梗塞的前兆。特別是冒冷汗、手腳發冷，是代表身體處於休克狀態的徵兆，此時請務必多加注意。

假如出現了心肌梗塞的症狀，則需立刻採取緊急處理。最好能將患者送至設有ＣＣＵ（**冠狀動脈加護病房**）的醫院。ＣＣＵ能夠為患者的靜脈注射血栓溶解劑，幫助溶解堵塞血管的血栓，此處理稱作：冠狀動脈內血栓溶解治療（促使血液恢復流動的治療）以及ＰＴＣＡ（**經皮冠狀動脈氣球擴張術**）等治療。

為了預防心肌梗塞，必須避免身體發胖，並減少血管內的壞膽固醇，藉此防止動脈硬化。除此之外，高血壓患者的心臟時刻承受著極大負擔，冠狀動脈同樣也須承受極大負擔，因此於日常生活當中就需多加留意。

抽菸、喝酒也是造成心肌梗塞的一大要因。香菸所含的尼古丁具有令血管收縮的作用，容易連帶引發動脈硬化。而喝酒本身的危害並沒有這麼大，但是一起吃下肚的下酒菜中含有大量鹽分，將成為導致高血壓與動脈硬化的原因。

只要是有罹患狹心症的人，冠狀動脈一定都比一般人還細瘦，因此透過血液檢查或是拍攝心電圖，事先掌握心臟的詳細狀況也可說是一種有效的方法呢。

心臟衰竭

Heart Failure

心臟功能變差的狀態

Focal Point

急性心臟衰竭與慢性心臟衰竭

「將血液輸送至身體各個部位，並提供氧氣」是心臟的職責。心臟功能降低的狀態則稱作「**心臟衰竭**」；突然進入此狀態的心臟衰竭稱為**急性心臟衰竭**；心臟功能逐漸降低的狀態則是**慢性心臟衰竭**。

有時，某名人突然謝世時，對外發表死因常是急性心臟衰竭。除前述那意思嚴謹的心臟衰竭外，當死者的死因難以判明時，也會使用急性心臟衰竭來當作死因。

一旦處於心臟衰竭狀態，不只心臟無法繼續將血液輸送至身體各部分，原本應循環回心臟的血液也將殘留於全身各處。手腳會水腫，便是因為如此。此外，當血液蓄積於左心室前的肺部時，即會使患者處於肺水腫（肺鬱血）的狀態，患者將突然感覺到呼吸困難，以致呼吸次數增加，還會陣發性地吐出粉紅色泡沫痰。

陷入慢性心臟衰竭狀態時，患者只要稍微活動，身體就會喘不過氣，並伴有水腫、胸水等症狀。所謂胸水，係指蓄積於包覆住肺臟的胸膜（臟胸膜）與貼合於胸壁內側的胸膜（壁胸膜）之間的液體。當胸水增加時，患者胸部會出現不適感、疼痛等症狀。

慢性心臟衰竭患者還可能出現輕微咳嗽，由於近似於感冒症狀，可能導致患者並沒有察覺自己已罹患慢性心臟衰竭。隨著症狀進一步加劇，會陷入呼吸困難的心臟性氣喘狀態。

利尿劑有時可在心臟衰竭的治療上發揮效果。誠如前面所述，當心臟功能降低時，水分即會蓄積於體內，就需要設法將之排出。除了利尿劑之外，也會併用增加心肌收縮力的強心劑，以及擴張血管寬度，藉此減輕心臟負擔的血管擴張劑等藥物。

即便陷入心臟衰竭的狀態，也需要適度運動，這件事情相當重要。當然在運動時也需要考量自己的身體狀況。除此之外，泡澡泡太久也不是件好事，畢竟若是因此罹患感冒，還會對心臟造成負擔呢。

減少抽菸、喝酒、肥胖身材等會對心臟造成負擔的要素，這也是避免讓心臟衰竭症狀進一步加劇的重要事項。

睡眠呼吸中止症

Sleep Apnea Syndrome

睡眠時呼吸中斷達十秒以上

Focal Point

白天嗜睡也是症狀之一

於白天工作時，或是開車等紅燈時突然感到睡意襲來，若是有此症狀，即有可能是罹患了「**睡眠呼吸中止症**」。

睡眠呼吸中止症也可取其英文名稱「Sleep Apnea Syndrome」的英文字首，簡稱為ＳＡＳ。睡眠中，患者喉嚨周圍的肌肉活動力降低，以致喉嚨阻塞，造成呼吸中止、呼吸變淺；如此一來，氧氣就無法順暢地循環至身體各處，導致睡眠產生阻礙。檢視患者此時的腦波等資訊，可發現大腦會在短時間內處於清醒狀態。

雖說患者本人沒有意識到，但是抱有此症狀的人，睡眠時呼吸中止達十秒以上可說是稀鬆平常。只要於睡眠中重複出現此症狀達五次以上者，即可稱為睡眠呼吸中止症。

扁桃腺肥大、肥胖、下顎較短、舌頭較大、鼻子彎曲等都是造成睡眠呼吸中止症的原因。上述原因會對氣管（空氣的通道）形成阻塞。除了前述的慢性嗜睡外，起床後頭痛、打鼾、勃起不全等也是睡眠呼吸中止症的症狀。

另外，抱持有此症狀的患者也很容易併發高血壓、心臟病、糖尿病、腦中風等重大疾病。反之，透過開始治療睡眠呼吸中止症，進而讓高血壓等疾病的症狀獲得舒緩的情形也並不是全無可能。

若是因肥胖而導致睡眠呼吸中止症纏身，就必須重新檢視自己的生活習慣，藉此甩去肥肉；若是下顎較短的人，則可以於口腔當中放入口腔片（Mouthpiece）等裝置，以便在睡眠中也能夠順暢呼吸。

此外，我對因為失眠而服用安眠藥一事持保留態度。由於安眠藥具有肌肉鬆弛及抑制呼吸的作用，因此也有可能會令喉嚨肌肉鬆弛，導致呼吸中止的狀態更加惡化。

攝護腺癌

Prostate Cancer

癌症，由於無自覺症狀而不易發現

Focal Point

一旦發現排尿不暢

攝護腺（又稱前列腺）是男性特有的器官，位於膀胱正下方，其中有尿道經過。攝護腺的大小接近橡實，也負責製造部分精液。

「**攝護腺癌**」病發於攝護腺外側的外腺，常見於五十歲以上的男性。原本攝護腺癌較常發生於歐美人種，但現在日本的攝護腺癌患者也正急遽增加當中。由於癌細胞多會轉移至骨骼或是淋巴結，因此越早發現越好。

毫無自覺症狀乃是令攝護腺癌不易被發現的要因。隨著病情加劇，患者身上將會出現尿柱變細、頻尿、排尿時疼痛等症狀，由於這些症狀與攝護腺肥大的症狀極其相似，很有可能延誤了發現的時機。當上述症狀進一步加劇，患者即會出現排尿困難（閉尿）、血尿等症狀。

老化，是罹患攝護腺癌的原因之一。資料顯示，六十歲以上的人有七成都患有攝護腺癌。除此之外，攝取過多脂肪也與攝護腺癌病發一事有著千絲萬縷的關係，留意飲食也是幫助預防攝護腺癌的一大法門。

攝護腺特殊抗原（ＰＳＡ）篩檢能夠最為有效地及早發現攝護腺癌。誠如前面所述，隨著年齡漸長，男性罹患攝護腺癌的可能性也隨之提高，因此在確認病情的進展程度時，也可說是一種有效的檢查。

根除性攝護腺切除術常用於治療攝護腺癌，但由於這會切除負責造精的攝護腺及精囊腺，因此患者在術後將無法再次授精，不過卻是一種預防攝護腺癌的癌細胞轉移，乃至於復發的手段。

除此之外，若病情已經進展至一定程度者，醫師則會考慮使用放射線治療，或是長期服用女性荷爾蒙。這是因為攝護腺癌與男性荷爾蒙息息相關，因此需要透過服用女性荷爾蒙加以治療（譯註：服用女性荷爾蒙以降低男性荷爾蒙濃度，或是阻斷男性荷爾蒙與受器結合，阻止男性荷爾蒙對癌細胞之作用，藉此達到抑制或控制攝護腺癌腫瘤細胞生長之目的）。

多器官功能衰竭

Multiple Organ Failure

兩個以上的臟器同時陷入功能衰竭

Focal Point

早期發現，並去除造成此症狀的原因相當重要

令人意外地，「**多器官功能衰竭**」這個名稱是常出現的死因。那麼究竟何謂「多器官」呢？

所謂多器官功能衰竭，指的是複數器官出現連鎖性障礙的狀態。這些器官都是在維持生命上不可或缺的，亦即腎臟、肝臟、呼吸器官、消化器官、血液系統、心血管系統、神經系統等七大器官及系統。只要其中有兩個以上的器官同時、或是短時間內接連陷入功能衰竭的狀態，即稱作多器官功能衰竭。

也取其英文首字，稱作ＭＯＦ（Multiple Organ Failure）或是ＭＯＤＳ（Multiple Organ Dysfunction Syndrom）。

有許多原因會使人陷入多器官功能衰竭的情況，如敗血症等重度感染症、伴隨大範圍的**擠壓傷**（身體受到來自外界的強烈衝擊、壓迫，導致內部組織遭到破壞）的嚴重外傷、燒燙傷、重度休克、重度胰臟炎等都會使得複數器官無法維持正常運作。

所謂**敗血症**，指的是當患者因為某些細菌而生病時，該細菌進一步侵入血液中大量繁殖，從中產生的毒素讓患者出現中毒症狀的疾病。一旦罹患敗血症，便會有複數器官同時受到攻擊，症狀的進展速度也變得相當快速。

而重度休克則會使血壓下降，導致血液與氧氣無法順暢地循環至各器官，造成細胞遭到破壞，器官進而無法維持正常功能。

一旦併發多器官功能衰竭，亦即處於重症狀態，患者常常是回天乏術。因此在陷入多器官功能衰竭之前，盡早接受醫師診斷，藉此盡早治療可說是最理想的方法。

椎間盤突出
Herniated Disc

造成椎間盤異常，並壓迫神經

Focal Point

亦有可能以閃到腰的形式發作

我們的背骨（脊椎）是由約三十個名為「**椎骨**」的圓形骨骼疊合而成。但光是只有椎骨，仍無法流暢地活動，因此在椎骨與椎骨之間又夾有名為「**椎間盤**」的部位，負責起到緩衝的作用。

椎間盤的構成為：其周圍的軟骨——纖維環，及其內部的髓核所組成。組織老化及急劇壓迫會造成椎間盤異常，使得纖維環龜裂，並令其內部的髓核飛出，進而對神經形成壓迫。此種狀態稱作「**椎間盤突出**」。

根據病發的背骨部位不同，椎間盤突出又可分為腰椎椎間盤突出及頸椎椎間盤突出。而提到椎間盤突出，幾乎都是前者的症狀。

突然拿起重物，或是不小心扭轉身體時，會產生的劇烈腰痛——這就是俗稱的「**閃到腰**」，而椎間盤突出以和閃到腰相同症狀出現的情形也並不少見。

此時，體內的髓核對腰椎神經根形成壓迫，產生腰痛以及坐骨神經痛。坐骨神經是自腰椎延伸而出的神經，經過臀部與大腿後側，延伸至腳尖。一旦罹患坐骨神經痛，則不只是腰部，幾乎腿部所有部位都會伴隨著疼痛感，即為坐骨神經的構造所導致。

何謂椎間盤突出？

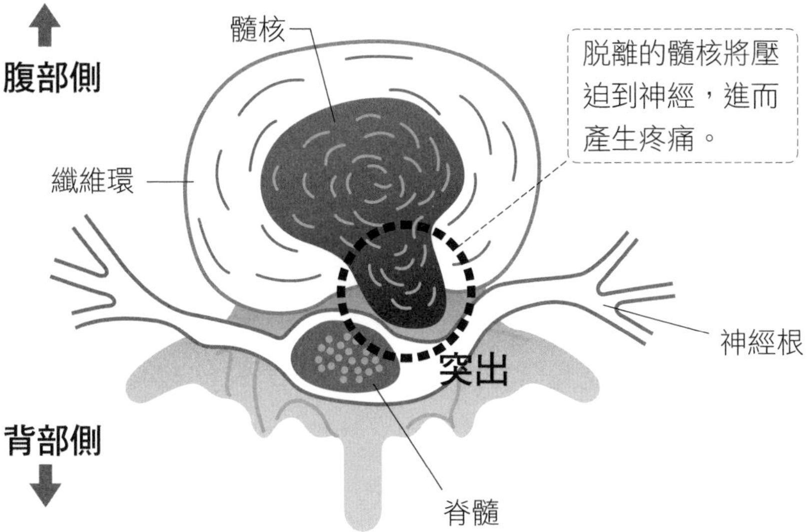

當椎間盤突出病發，首先必須維持身體靜養，並採用消炎鎮痛劑、肌肉鬆弛劑等藥物施以對症療法，並靜待疼痛舒緩。激烈的疼痛大約會在病發後一週左右消失，針對疼痛遲遲不消，或是重複發作的情況，也可能透過手術加以治療。

由於我們彎曲背骨時，是由腹肌及背肌支撐著身體動作，因此，即便原本只是為了減輕腰部負擔而鍛鍊上述肌群，也有可能大大改善疼痛。

除此之外，也有一種名為牽引治療的方法，治療師會強行縱向拉伸患者的背骨，藉此減輕椎間盤的負擔。

痛風 Metabolic Arthritis

長期處於高尿酸血症的狀態將引發痛風

Focal Point 腳拇趾的根部疼痛

「**痛風**」曾經被稱作富貴病，但是在飲食生活漸趨豐裕的現代，任誰都有可能罹患。所謂痛風，是長期處於**高尿酸血症**狀態時會罹患的疾病。高尿酸血症指的是血液中尿酸過度增加的狀態，當人體過度製造尿酸，以致無法順暢將之排出體外時，即會罹患高尿酸血症。

痛風會在某天突然病發，同時伴隨著腳拇趾根部的劇烈疼痛。除了腳趾根部之外，痛風也有可能發作在手肘、膝蓋、手腕等部位。當痛風伴隨著腳拇趾根部的疼痛時，還會出現患部紅腫的症狀，甚至無法穿鞋。

劇烈的疼痛將會持續一至三天後消失，發炎症狀也會在經過一週左右的時間後消除，症狀因而逐漸獲得改善。但若是放著不管，則會令症狀進一步惡化，甚至出現**痛風結節**。

所謂痛風結節，指的是尿酸鹽沉積於手腳關節、肌腱、皮下等體溫較低的身體部位，並形成瘤狀腫塊。並非所有痛風患者身上都會出現痛風結節，若是置之不理，痛風結節會持續變大，因此需要盡早予以治療。若是拖延了治療的黃金期，則有可能造成關節變形，手腳無法自由活動等情形。

原則上，醫師會採用藥物來治療痛風。為了降低患者的尿酸值，醫師會開立尿酸排泄促進劑與尿酸生成阻礙劑等藥物給患者服用。

但若要達到改善效果，最為需要的仍是重新檢視飲食習慣及日常生活型態。最好能盡可能地避免攝取含有大量脂質、鹽分的飲食，並且不要喝酒。

順帶一提，除了啤酒之外，日本酒、紅酒等酒類同樣會引發痛風。攝取酒精會導致體內水分以尿液的形式流失，造成尿酸大量蓄積於體內。

高尿酸血症是引發痛風的根本，而根據研究顯示，過多壓力、身材肥胖乃是造成高尿酸血症的原因所在。多喝水是個預防痛風的好方法。而長期待在豔陽高照的室外，或進行激烈運動等，都容易導致痛風發作，因此試著改善日常生活也是相當重要的一件事情。

低血壓 Hypotension

基本上是無須治療的疾病

Focal Point

站起時配上一聲「嘿咻」

當血壓的收縮壓低於一〇〇，舒張壓低於六〇時，即稱作「**低血壓**」。不同於高血壓，低血壓並不會對人體造成重大影響，因此無須盡速予以治療。

低血壓大致可區分為慢性低血壓與起立性低血壓，而慢性低血壓又可進一步分為本態性低血壓與症候性低血壓。

本態性低血壓幾乎泛指所有的低血壓，之所以造成本態性低血壓的原因不甚清楚。這也可說是一種因體質而造成的低血壓，自覺症狀為頭痛、肩膀痠痛、食欲不振等。此時無須接受治療，而是要努力展開飲食療法，或是攝取充足睡眠等，藉此改善低血壓的症狀。

而當患者罹患心肌梗塞或是心臟衰竭等心臟方面的疾病，並伴隨著心臟功能降低、內分泌器官方面的疾病時，便可能因而引發症候性低血壓。除頭痛與肩膀痠痛外，也有可能併發眩暈及心悸等症狀。這種低血壓屬於併發症，因此需要前往醫院接受診斷，藉此找出造成低血壓的疾病。

起立性低血壓則會產生於突然站起時。當我們突然站立，會因重力作用而讓血液移動至下半身，由於這些血液暫時無法回到心臟，因此會導致血壓下降。有些人是因為患有其他疾病而導致起立性低血壓，有些則不是，因此不能夠一概說每個人都需要接受治療。

如果頻繁有眩暈，或是站起時感到頭昏眼花的症狀時，則需要接受醫師治療了。順帶一提，有些年長者會在站起時配上一聲「嘿咻」，在站起前形成了一小段的緩衝時間，事實上，這也能幫助預防站起時感到頭昏眼花的症狀呢。

低血糖 Hypoglycemia

血糖值低於六〇mg／dl時就要小心了

Focal Point
盡快攝取葡萄糖

所謂「**低血糖**」，指的是血液中的葡萄糖降到太低而出現的特殊神經症狀。一旦陷入低血糖的狀態，除了會有發汗、心悸、脫力等交感神經方面的症狀之外，還可能失去意識、進入昏睡等情形，因此需要多加注意。

普遍而言，血糖值低於六〇mg／dl時即為低血糖，若是對此狀態置之不理，甚至可能對大腦造成傷害。因為葡萄糖可是形成大腦養分的唯一原料啊。

飲食量或是醣類（米飯、烏龍麵等）攝取遠較平常為少，或是於空腹時增加運動量、喝下比平常更多的酒精飲料等，都容易會使人出現低血糖的症狀。

除此之外，若是已經接受過醫師診斷的人，則有可能因為攝取過多幫助降低血糖值的藥物、**胰島素**，或是於攝取藥物與胰島素後，太晚才開始用餐，因而導致出現低血糖的症狀。如果糖尿病患者在注射胰島素，或是服用降血糖劑的療程當中，出現身體不斷顫抖、心悸、發汗等症狀時，即代表血糖值降得太低了。一旦發現自己處於低血糖的狀態，則需要立刻攝取甜食。不管是直接攝取葡萄糖，或是喝含有葡萄糖的冷飲、含有蔗糖的罐裝咖啡等飲品都可以。

順便來談一下情況與低血糖剛好恰恰相反的高血糖患者吧。像例如血糖值高達三〇〇mg／dl的高血糖患者，當他們的血糖值急速下降時，亦有可能出現與低血糖類似的症狀。因此當高血糖患者想要降低血糖值時，最好循序漸進地花上數週，乃至數個月，慢慢地降低血糖值為佳。

糖尿病 Diabetes Mellitus

缺乏胰島素而引發的疾病

Focal Point

若病情惡化，甚至可能陷入昏迷狀態

在說明「**糖尿病**」之前，首先讓我來說明何謂**血糖**吧。誠如在低血糖處所述，葡萄糖是令身體運作的能量來源，葡萄糖會乘著血流被運送至身體各處的細胞當中，供肌肉及器官使用。也就是說，有葡萄糖，人類才得以正常活動。

但是當人體缺乏**胰島素**——這種由胰臟分泌的荷爾蒙，乃至胰島素無法順利作用於細胞時，就會導致葡萄糖無法順利地被運送至細胞，進而漫溢於血液裡。如此一來，尿液裡也會含有糖分，此乃糖尿病的症狀。一言以蔽之，所謂糖尿病即為人體缺乏胰島素，或是其作用低落而導致的疾病。

胰島素是人體內唯一能夠幫助降低血糖的荷爾蒙，負責調整血糖，避免血糖值於用餐後過度上升。此外，誠如前面所述，胰島素也具有控制葡萄糖的作用，當人體缺乏胰島素，肌肉和臟器等器官就會無法正常運作。

糖尿病的併發症

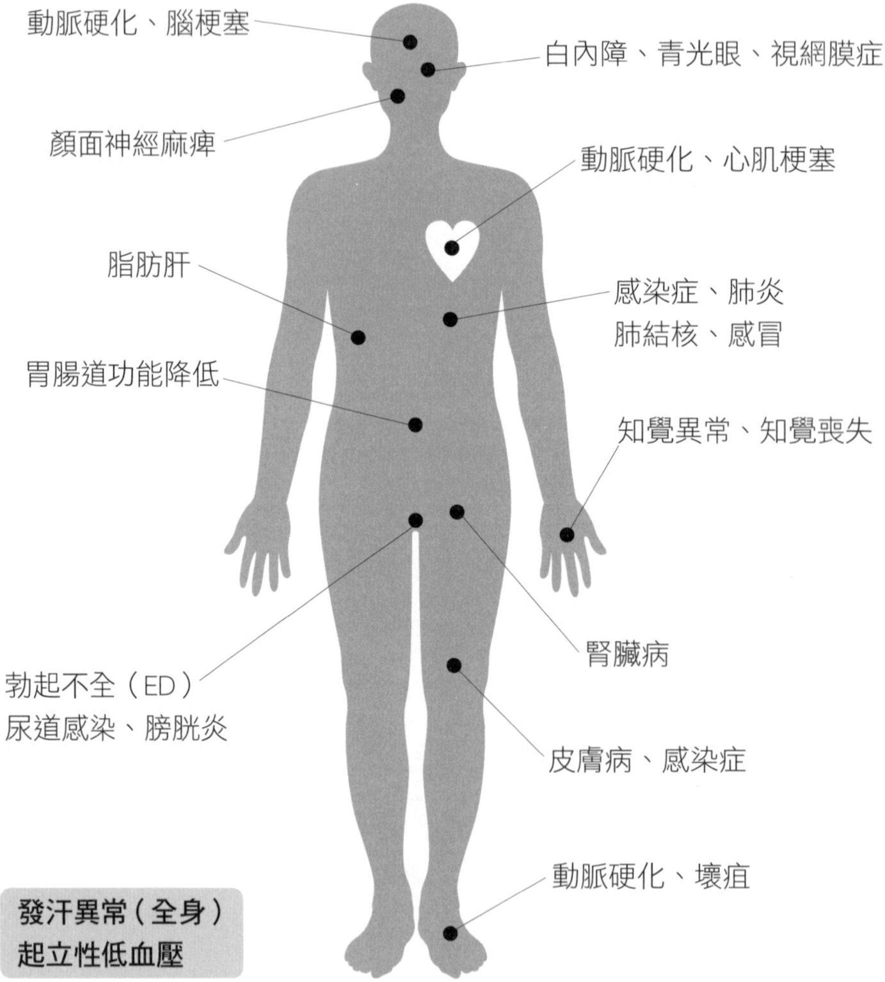
動脈硬化、腦梗塞
白內障、青光眼、視網膜症
顏面神經麻痺
動脈硬化、心肌梗塞
脂肪肝
感染症、肺炎
肺結核、感冒
胃腸道功能降低
知覺異常、知覺喪失
腎臟病
勃起不全（ED）
尿道感染、膀胱炎
皮膚病、感染症
動脈硬化、壞疽
發汗異常（全身）
起立性低血壓

糖尿病又可分為第一型糖尿病與第二型糖尿病等兩種類型。一旦胰臟當中負責製造胰島素的β細胞遭到破壞，即會罹患第一型糖尿病，又以兒童及年輕族群為好發對象。由於常在幼年期病發，因此在過去又曾被稱作兒童糖尿病。

第二型糖尿病則是因為飲食過量、缺乏運動等紊亂的生活習慣，而於邁入中年後引發的糖尿病。資料顯示，國人的的糖尿病有百分之九十五以上都是第二型糖尿病。除此之外，遺傳、感染症、免疫系統異常等因素也有可能導致糖尿病，這時則需要配合採取藥物治療。

在治療上，第一型糖尿病患者需要每天注射數次胰島素；而第二型糖尿病患者則需要從改善生活習慣開始做起，假如未能順利獲得效果時，再配合服藥。

糖尿病又以其併發症最為令人戒慎恐懼。由於缺乏胰島素，導致無法順利向身體各處供給營養，造成血管與神經變得脆弱不堪，進而引發糖尿病腎病變、糖尿病視網膜症、糖尿病神經病變等。另外，還有一種名為糖尿病昏迷的併發症，患者會在出現脫水與嘔吐等症狀後，因血壓過低而陷入昏迷。此為第一型糖尿病以及第二型糖尿病皆有可能出現的症狀，特別是糖尿病病情嚴重的患者更需要多加注意。

突發性耳聾

Sudden Deafness

突然失去單邊聽力的疾病

Focal Point

須於病發後一週內予以治療

早上起床後，突然失去單邊聽力……，這是「**突發性耳聾**」的代表性症狀。明明過去從未有過任何聽力方面的障礙，但某天突然就聽不到聲音了。此種情形偶爾會發生，而醫學界尚未查明真正原因。

有人認為這是因為血液循環不良，使得內耳未能獲得足夠營養，最後導致失聰；也有人認為這與病毒有所關係。

當罹患突發性耳聾時，不太會出現兩邊聽力盡皆喪失的情形，剩下單邊聽力乃是突發性耳聾的特徵之一。普遍而言，此種症狀常見於五、六十歲的中老年人，其中並不存在男女差異。常會有患者病發前感到疲勞，也有患者會出現眩暈、嘔吐感、嘔吐等症狀。

當罹患突發性耳聾時，若是能於病發一週內接受治療，較容易獲得良好復原，因此一定要盡早接受治療。另一方面，若是於病發後約一個月才去看診，即便再接受治療也很難康復了。

醫師會以藥物治療突發性耳聾，譬如：用來幫助改善內耳循環不良的血管擴張劑，以及用來治療病毒感染的副腎皮質類固醇等。但是誠如前面所述，至今醫學界尚未查明造成突發性耳聾的原因，因此並不保證透過上述藥物進行治療後，聽力就能夠完全恢復。或許患者會需要長期面對單耳失聰的症狀。

除此之外，耳聾又可分為藥物性耳聾（為治療其他疾病而服用藥物，因而產生的聽力降低）、老人性耳聾（因年齡漸長而產生的聽力降低）等類型。研究指出，服用阿斯匹林、康黴素、利尿劑、抗癌劑等藥物乃是造成藥物性耳聾的原因之一，因此可於與醫師討論之後，思考是否要暫時停藥。

失智症 Dementia

年老與腦部障礙將引發失智症

Focal Point

資料統計日本患者已達兩百四十萬人以上

「**失智症**」一詞於二〇〇二年起開始被使用，過去則多稱作「癡呆症」。

根據日本厚生勞動省（譯註：相當於台灣的衛生署）資料指出：二〇一〇年時，全日本六十五歲以上的高齡者當中，失智症患者數量估計約有兩百萬人。但專家們對於此數字所抱持的意見也出現分歧，有部分專家認為，全日本六十五歲以上的人口當中，已有約一成，亦即約兩百四十二萬人罹患了失智症；對於正面臨超高齡社會的日本來說，今後失智症患者將持續增加一事可說是不言而喻。

所謂失智症，乃是指人類出生後正常發展的精神功能，因為諸般因素而受到傷害，進而陷入慢性退化，乃至於完全消失，因此對患者的日常生活及社會生活造成阻礙。基本上，一時之間無法想起某件事的「健忘」，以及**譫妄**（急性的腦功能障礙）皆不包含在失智症的範疇當中。

失智症大致可以區分為阿茲海默型失智症，以及血管性失智症等兩種類型。阿茲海默型失智症出現於初入老年，乃至於高齡者身上，患者腦部的神經細胞因為年齡漸老而減少，進而出現智力降低的情形。患者明明清楚記得多年前的經驗，但卻無法想起於數小時前發生的事情；隨著症狀加劇，患者將會逐漸搞不清楚自己身在何處，並對眼前的人與自己有著何種關係感到模糊不清。患者的情感起伏將會變得較為顯著，且容易陷入妄想與過度不安，甚至出現四處遊蕩徘徊的情形。

醫學界尚未找到決定性的方法來治療阿茲海默型失智症，但是至少能開立幫助抑制症狀加劇的藥物給患者服用。雖說如此，當症狀已經變得過於嚴重時，服藥也可說起不到太大幫助了。

而血管性失智症指的則是於腦出血、腦梗塞病發後，隨之出現的癡呆症狀。如果只是經歷一次腦出血、腦梗塞，則還不會出現血管性失智症，這可說是一種多次經歷腦出血、腦梗塞之後，才會產生的症狀。不同於阿茲海默型失智症，患者得以保有自身人格的情形並不少見，但卻容易因為些微小事而陷入情感失控。前面所述的腦出血等疾病造成了這些症狀，因此接受治療，避免上述疾病復發乃是治療血管性失智症的先決條件。

中暑 Sunstroke

身處炎熱而潮濕的環境就容易中暑

Focal Point

先將患者搬運至陰影下再加以應對吧

近年來，我們常常會在新聞等處聽到「**中暑**」這個詞。而這究竟是怎樣的一種疾病呢？所謂中暑，係指炎熱環境對身體健康造成之傷害的總稱，又可大致區分為熱痙攣、熱疲勞、熱失神、熱射病等。

熱痙攣指的是患者出現肌肉疼痛、手腳抽筋等症狀，同時伴隨肌肉痙攣的情形；當人類大量出汗，導致血液中鹽分濃度降至過低時，即會產生熱痙攣。而熱疲勞指的則是患者出現頭痛、全身性倦怠感、嘔吐、判斷力與專注力降低等症狀，乃是因為脫水所導致。熱失神患者會出現顏面蒼白、眩暈等症狀，乃是因為皮膚血管擴張，造成血壓降低、腦部血流量減少所導致。

其中，最為嚴重的就屬熱射病了。熱射病指的是當患者長時間身處豔陽高照，或是高溫潮濕的環境，熱產生（物質代謝，散發熱能）超過熱發散，導致熱能蓄積於體內難以排出的症狀。一旦罹患熱射病，則有可能連帶引發意識障礙或是休克症狀，令患者陷入相當危險的狀態。

在日本，八月時的白天，氣溫會異常上升，而六月後半與七月的梅雨期沒有下雨時，以及梅雨期結束後的高溫潮濕時期，皆很容易中暑，因此需要多加注意。

當看到有人臉部脹得通紅，並出現頭痛、眩暈，或言行舉止不自然、意識混沌等症狀時，其外表將產生顯著變化，此時旁人應該多加留意，並迅速將患者搬運至通風良好的陰影處，取冰涼的毛巾或是冰水袋敷在患者的頸部、腋下、大腿根部等處，予以應對。除此之外，提供運動飲料或是添加有少許鹽巴的水給患者也是有效的作法。如果症狀已經嚴重到喪失意識，應盡速撥打一一九將患者送醫。

補充水分是相當重要的中暑預防對策。研究指出，人類每天約流失二．五公升的水分（尿液約一．五公升；因呼吸、體表排汗而流失的水分則約為九〇〇毫升；排便約一〇〇毫升），因此特別是在夏天，每天需要攝取超過二．五公升的水分。

除此之外，排汗時除了水分之外，也會一併喪失鹽分（鈉），所以也不能忘記補充鹽分。

腦中風

Cerebral Vascular Accident

腦部血管出現異常，造成細胞壞死

Focal Point

曾經高居日本人死因榜首

所謂「**腦中風**」，係指患者腦部的血管出現異常，導致血管阻塞、破裂，造成腦細胞因無法獲得充分營養而壞死。造成腦中風病發的原因有好幾個，其中最具代表性的則是腦梗塞、腦出血、蜘蛛膜下腔出血。

腦梗塞指的是腦部血管阻塞，造成腦部組織壞死。腦梗塞又可分為因動脈硬化，或是因高血壓而於腦內形成血栓，進而阻塞血管的「腦血栓」；以及於心臟等腦部以外之器官當中形成的血栓、脂肪流至腦部動脈，進而阻塞血管的「腦塞栓」等兩大類型。罹患**腦血栓**時，血栓會逐漸阻塞腦部血管，因此患者會逐漸出現單側手腳麻痺、語言障礙等症狀。此時則需要住院接受治療，症狀嚴重時則需要接受手術治療。而腦塞栓的症狀又比腦血栓更為嚴重，醫師會於患者病發後三小時內使用血栓溶解劑來進行治療。

頭蓋骨的構造

腦部受到硬膜、蜘蛛膜、軟膜等三層腦膜包覆，並收納於頭蓋骨中，以獲得保護。蜘蛛膜下腔指的是存在於蜘蛛膜間隙裡的空間，當中含有髓液（腦脊髓液）。

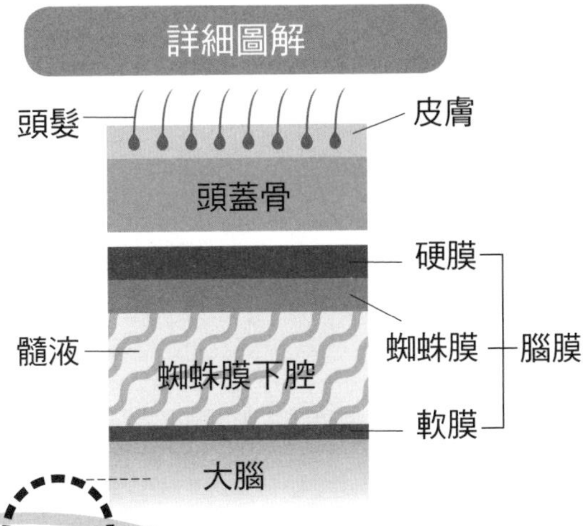

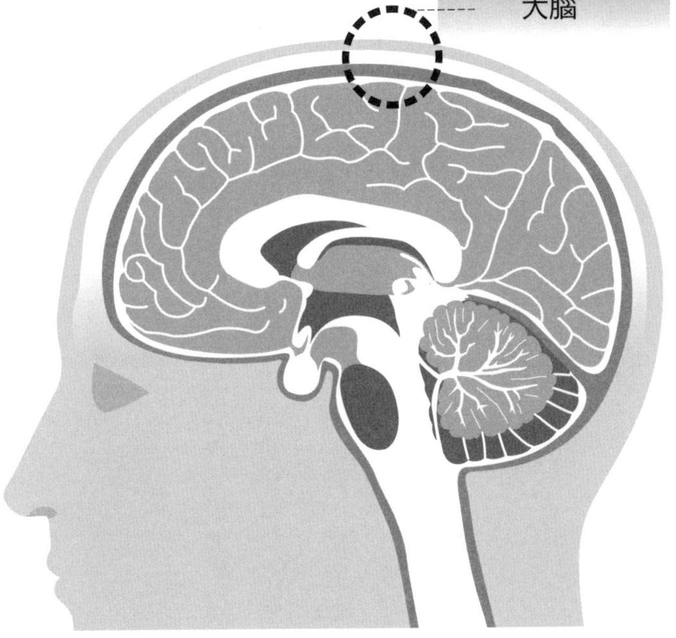

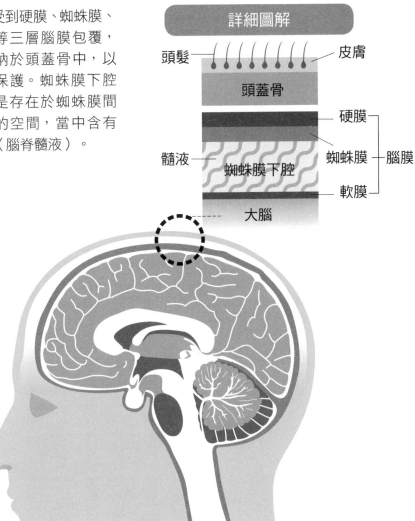

而**腦出血**是指腦部因血管破裂而處於出血狀態，也稱作**腦溢血**。腦出血常常是突然發生，患者會在病發數小時後無法正常說話，且出現手腳麻痺等症狀。重症患者會於二十四小時內陷入昏迷狀態，亦有患者就此離世，因此醫師在此時會選擇進行外科手術。若出血量較少時，醫師則會選擇使用藥物施以內科治療。

蜘蛛膜下腔出血指的則是包覆腦部的三個膜（由內而外分別是：軟膜、蜘蛛膜、硬膜），其中軟膜與蜘蛛膜之間的動脈瘤破裂，因而使血液流淌於膜間，導致對整個腦部形成壓迫的狀態。有人用「突然被人拿球棒爆打般的痛」來形容蜘蛛膜下腔出血造成的疼痛感，而除了此種疼痛之外，患者還會出現嘔吐、或有嘔吐感等症狀。也常有患者逐漸失去意識，進而死亡的案例。根據日本厚生勞動省資料顯示，死因為腦中風的患者當中，約有一成是因為蜘蛛膜下腔出血。

過去人們就認為日本人比較容易罹患腦中風，腦中風在一九五一年至一九八〇年間更高居日本人死因的榜首，現在雖已讓座，但仍高居第四名（編按：台灣則為第三名）。

或許是在二戰之後，日本人的營養狀態獲得了改善，並透過啟蒙運動控制了人們對於鹽分的攝取，得以讓腦中風死亡人數逐漸減少，但是總患者人數仍然高達約一百四十萬人之多，可說是任何人都有可能罹患的疾病呢。

Norovirus 諾羅病毒

於人體小腸黏膜大量繁殖的病毒

Focal Point

諾羅病毒的傳染途徑幾乎都是經口感染

「**諾羅病毒**」特別容易在冬季時，於學校以及福利機構等設施出現團體感染的情形。這究竟是什麼樣的一種病毒呢？

諾羅病毒會於小腸黏膜大量繁殖，國際病毒學會於二〇〇二年正式命名其為諾羅病毒，此名稱可說是廣為人知。它在過去則曾經被稱作「小圓結構病毒」（Small Round Structured Viruses，簡稱ＳＲＳＶ）。諾羅病毒當中的「諾羅」一詞，則是源自一九六八年時發現該病毒的美國俄亥俄州諾瓦克鎮（Norwalk）。

諾羅病毒的傳染途徑幾乎都是**經口感染**，亦即代表：當患者誤食附著有諾羅病毒的飲食，即會因此感染諾羅病毒。根據流行病學（Epidemiology）方面的調查，指出諾羅病毒的感染途徑與生蠔息息相關，但學校的營養午餐等部分應不太可能因誤食生蠔而造成感染，因此專家指出應為人傳人的二次感染。

以下為諾羅病毒感染途徑的主要類別：

一、誤觸患者含有大量諾羅病毒的糞便及嘔吐物之人，經由洗手間接在造成二次感染。

二、咳嗽、噴嚏等人傳人的飛沫傳染。

三、調理食材者感染諾羅病毒，導致他人誤食受到該人汙染之食材。

除此之外，生吃二枚貝這種貝類（或者未經充分加熱處理的狀態），亦或是在未經充分消毒的情況下，飲用遭到諾羅病毒汙染的井水等，皆會造成感染。當受到諾羅病毒傳染，而出現食物中毒或感染性腸胃炎時，患者將反覆出現腹瀉、腹痛、嘔吐等症狀，由於兒童及年長者可能發生嘔吐物堵塞咽喉的情形，因此需要多加注意。

根據日本厚生勞動省二〇一二年度的資料顯示，在獲報的一千一百件食物中毒當中，有四百一十六件乃是諾羅病毒所導致。除此之外，患者數亦攀升至一萬七千六百三十二人之譜，光看患者數，顯示在該年食物中毒的患者當中，有百分之六十六都是因諾羅病毒而造成。

為了避免罹患諾羅病毒，用餐前與如廁後務必確實洗手，並避免由有腹瀉、嘔吐等症狀的患者負責烹煮餐點，同時也須妥善處理患者的糞便與嘔吐物等。除此之外，兒童及年長者等抵抗力較弱者需要盡可能避免生食，食用經過充分加熱的飲食也能幫助感染諾羅病毒。

肺癌 Lung Cancer

發生於支氣管至肺泡的癌症之總稱

Focal Point 死亡人數高居第一的癌症

在呼吸時，人類從口鼻吸入空氣後，空氣會從喉嚨通過氣管，到達支氣管、肺泡。藉由上述流程，體內得以獲得氧氣，並吐出二氧化碳。自支氣管到肺泡的部分被稱作肺，而發生於此處的癌症皆被稱作「**肺癌**」。

嚴格講來，我們可將肺癌想成是一種病發於支氣管的癌症。

抽菸，是造成肺癌的最大要因。研究指出，抽菸量大的人比較容易罹患肺癌，而抽菸指數（每天抽菸支數乘以抽菸年數）大於六百的人更需要多加注意了。普遍而言，抽菸者罹患肺癌而死亡的機率，將近是不抽菸者的四至五倍。除此之外，研究亦指出，空氣汙染與洋化的飲食等也是罹患肺癌的要因。

呼吸器官的構造

病發於肺部與支氣管的癌症被稱作「肺癌」。五十歲以上的患者數量極多，若能及早發現，及早治療，則有痊癒之可能；若太晚發現，則難以完全治好。

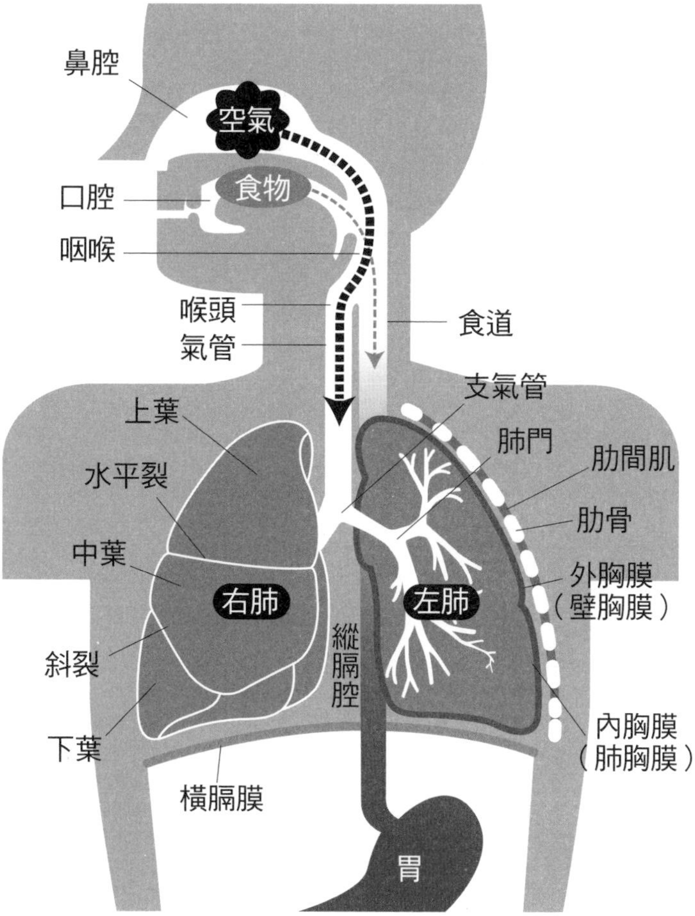

在日本，因罹患肺癌而死亡的人數連年增加，已於一九九八年追過胃癌，成為日本人癌症死因之首（譯註：肺癌亦是台灣國人癌症死因之首）。調查顯示，中老年（特別是男性）族群容易罹患肺癌，這是因為二戰結束後，日本有許多男性養成抽菸的習慣，而隨著他們年齡漸老，對健康的危害也逐漸顯現於資料上。

在肺癌的治療上，方法可大致區分為小細胞癌與非小細胞癌。其中，小細胞癌的病情進展快速，因此當發現罹癌時，患者的病情多半已進展至一定程度，無法再透過開刀切除罹癌部位了。此時會採用放射線療法或抗惡性腫瘤劑等手段加以治療，患者將出現咳嗽、痰（血痰）、聲音沙啞、脖頸與臉部水腫等症狀，須多加注意。

非小細胞癌則是腺癌、鱗狀上皮細胞癌、大細胞癌等癌症類型之總稱，可通過健診、電腦斷層攝影、胸部X光攝影發現。腺癌發生於肺部末梢，即便是平常不抽菸的人也有可能罹患腺癌。根據資料顯示，約有百分之六十的肺癌屬於腺癌。

目前醫學界尚未能查明罹患腺癌的確切原因，若是及早發現罹患腺癌時，可動手術切除罹癌部位；若是病情已經進展至一定程度，無法採手術切除者，則會施以放射線治療等。

戒菸是預防肺癌的不二之道。根據日本癌症研究會指出：理論上，只要世界上不存在香菸，那麼男性罹患肺癌的人數將會減少百分之七十，女性則會減少百分之二十六（男女合計減少百分之五十八）。除此之外，定期接受健康檢查，藉此及早發現肺癌也相當重要。只要能盡早發現自己罹患肺癌，能夠透過手術切除的機率也會大大提升。

敗血症

Sepsis

細菌於血液中大量繁殖，因而發病

Focal Point

病情加劇會造成多器官功能衰竭

簡單來說，「**敗血症**」就是各種細菌侵入血液當中，並大量繁殖，導致患者陷入重症的狀態。

此外，即便細菌並未進入體內，但是當細菌等所產生的毒素、**細胞激素**（在免疫細胞間擔任著訊息傳遞的蛋白質之總稱）循環至全身，並且嚴重侵犯腎臟與肺臟等器官，導致患者出現嚴重症狀時，亦可稱作敗血症。

當因為敗血症而連帶出現休克症狀時，則稱作敗血症休克；當複數器官同時出現障礙時，則稱作**多器官功能衰竭**。

原本血液具有抑制細菌大量繁殖的功用，但當患者罹患癌症或白血病等疾病時，血液對感染的抵抗力就會變得低落，因而容易罹患敗血症。高燒、體寒之餘伴隨出汗等，此乃罹患敗血症時的症狀。

急性敗血症則會有意識模糊、無尿等病症，亦有患者在數小時後亡故的案例。

因此，有上述症狀時必須盡速前往就診，讓醫師施打適合用於消滅體內細菌的抗生素。

白血病

Leukemia

血液中白血球大量繁殖，亦即「血癌」

Focal Point

死亡人數約占整體癌症的百分之二・三

「**白血病**」是一種血液中白血球無限制地增加的疾病，亦被稱為「血癌」。

根據東京都健康安全研究中心調查報告指出，日本二〇一〇年因白血病死亡的人數，男性為四千八百六十人，女性則為三千兩百一十八人，相較於同年癌症死亡人數（男性二十一萬一千四百三十五人，女性十四萬兩千零六十四人），男性與女性因白血病死亡的比率皆占約百分之二・三。雖說就整體癌症死亡人數來看，因罹患白血病而死亡的案例相當罕見，但一旦病發仍然有喪命危險，是種可怕的疾病。

白血球是血液中的成分，負責消滅進入血液裡的病原體，起到了免疫作用，但是當負責製造血球的幹細胞罹患癌症，就會導致白血球於骨髓中異常地大量繁殖，造成正常的血液細胞無法增加。

全身倦怠、心悸、喘不過氣、發燒、發汗等為白血病的症狀，誠如前面所述，由於人體無法製造正常的血液細胞，才會引發這些症狀，而缺乏紅血球將會造成貧血，令患者出現倦怠感。

至今，醫學界對造成白血病的原因尚有許多不甚清楚的部分，但認為放射線、化學物質、抗癌劑（部分）乃是原因之一；另外亦有遺傳層面的要因，譬如有些人的體質天生比較容易罹患白血病。

根據大量繁殖的惡性細胞之種類等差別，白血病又可分為急性白血病與慢性白血病。成人多半會同時罹患急性白血病和慢性白血病，兒童則多為急性白血病。罹患急性白血病時，若是遲於治療，則有可能在出現自覺症狀後，於數個月內殞命，因此需要盡速接受治療。

現在已有骨髓移植、造血幹細胞移植、臍帶血移植，或是採用抗癌劑進行的藥物治療等方法。上述治療可說是一種幫助擊退於骨髓內無限制地大量繁殖的未熟細胞（白血病細胞），藉此讓正常細胞再生的手段。

恐慌障礙 Panic Disorder

無緣無故感到強烈不安與恐懼

Focal Point

設法減輕患者壓力

所謂「**恐慌障礙**」（恐慌症），係指無緣無故地害怕自己「快要發瘋」「即將死去」等，並極度恐懼的狀態。當突然出現心悸、發汗、顫抖、胸口不適、呼吸困難等症狀，但在醫院接受診斷之後，卻檢查不出任何異狀時，就可能有罹患恐懼障礙的疑慮了。

至今，醫學界尚未能鎖定造成恐慌障礙的原因，但是大多認為正腎上腺素（Norepinephrine）這個與恐怖和不安有所關聯的神經傳導物質，跟負責抑制興奮的神經傳導物質——血清素之間的分泌失衡時，便會引發恐慌障礙。醫學界發現透過治療增加患者腦內的血清素，能夠讓患者身上出現改善傾向，因此推論出上述理由。

何謂恐慌障礙？

「預期性不安」「廣場恐懼症（外出恐懼症）」「恐慌發作」乃是恐慌障礙的三大症狀，它們將相互形成負面循環，導致患者的症狀演變成恐慌障礙。也可能會併發憂鬱症。

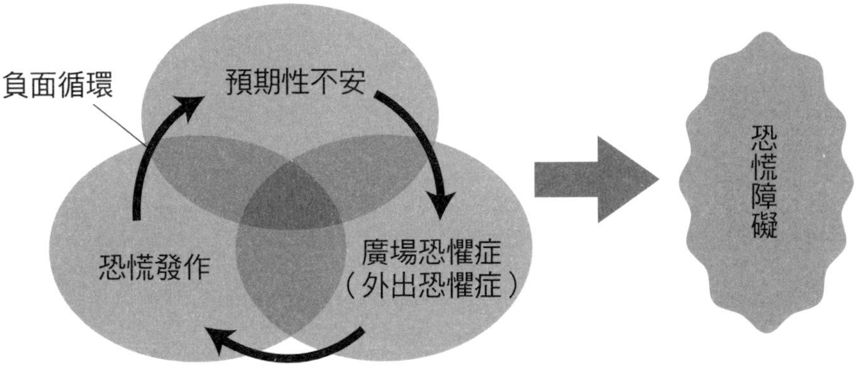

除了前面所述的症狀之外，手腳麻痺、眩暈、腳步虛浮、體寒、潮紅等症狀也是恐慌障礙的診斷依據。譬如當患者手腳麻痺時，有可能是因為恐慌發作讓患者處於過度換氣的狀態，而導致手腳麻木不堪。此時可將塑膠袋或紙袋覆蓋於口鼻，並靜靜地呼吸，症狀因此消失的案例並不少見。

恐慌障礙的初期症狀被稱作**恐慌發作**，發作時將會出現上述症狀（心悸、發汗等），症狀於十分鐘內達到頂點之後，會於二十至三十分鐘之內消失。但是隨著多次發作，患者將會產生「如果又再次發作該怎麼？」的強烈不安與恐懼——這稱作「預期性不安」。

除此之外，當患者的病情進展至預期性不安的狀態時，患者有可能會為了避免在有許多人的場所，或是閉塞的場所發作，而導致外出一事變得困難。這被稱作「廣場恐懼症（外出恐懼症）」。

當恐慌發作、預期性不安、廣場恐怖症等症狀反覆出現，患者將會對面臨人群產生強烈不安與恐懼，甚至有可能發展出憂鬱症。接受身心內科或是精神科醫師諮詢，此乃最佳的治療策略。

在接受醫師診斷之後，醫師有可能會開立SSRI（**選擇性血清素回收抑制劑**）等藥劑給患者服用，但也有患者在服藥後，反而導致症狀惡化。或許，盡可能減少生活當中的壓力，不要仰賴服藥才是治療恐慌症的好方法。

創傷後壓力症候群

Post-Traumatic Stress Disorder

因體驗突如其來的衝擊事件而引發

Focal Point

歷經震災或是霸凌都會導致病發

創傷後壓力症候群亦可簡稱為「**PTSD**」，屬於一種精神障礙。當患者突如其來地體驗過於衝擊的事件時，即有可能引發此疾病。

在一九九五年，日本經歷了阪神淡路大地震之後，PTSD一詞開始廣為人知。當越戰結束後，許多返國的美國士兵身上也都出現了PTSD的症狀，因此讓美國人比過去更為注意PTSD這種疾病。

相信各位都有聽過「**心靈創傷**」一詞吧？這個詞的原文是「Psychological Trauma」，患者乃是因為目睹地震、洪水的天災，以及交通事故、列車事故等人禍，甚或是殺人事件等犯罪，因而在心中留下極大創傷。

近來，也有患者是因為遭受霸凌、虐待、家暴（Domestic violence，DV）等而罹患PTSD。人腦即便遭遇充滿震撼的事件，因而受到衝擊，記憶也會隨著時光更迭而日益淡薄。但若是該事件遠超過當事人大腦的處理極限，該事件就會以PTSD的形態，使當事人出現身心方面的症狀。

PTSD的症狀為「再經驗（想起）」（反覆回憶起當時可怕的體驗，亦即重現，有時會出現在夢境當中）、「迴避」（有意識地或是無意識地躲避自己曾經遭遇過的狀況）、「警覺性增高」（交感神經反應過度敏感，進而造成失眠與焦躁）等。除此之外，患者也會為了避免自己受到痛苦記憶折磨，導致情感及感覺逐漸痲痺，慢慢對過去親近的朋友和家人不再抱有任何情感，日益封閉自身心靈。

雖說醫學難以完全抹去因PTSD造成的心靈創傷，乃至深刻記憶，但卻能透過心理治療及藥物治療，藉此令患者恢復健康。

在PTSD的治療上，有由PTSD患者相互傾訴煩惱的集團治療，及將患者放膽置身使其出現心靈創傷的場所，讓他感覺「即便想起痛苦回憶也不會有危險」的延長暴露（Prolonged Exposure）等方法。此外，療程中也會配合服用簡稱為SSRI的抗鬱劑與抗不安劑等藥物。

在震災、霸凌頻傳的現代，或許罹患PTSD的患者並不少見。

貧血 Anemia

紅血球與血紅素過少的狀態

Focal Point 多吃肝臟類與小松菜

「**貧血**」係指紅血球或是血紅素較正常量為少的狀態。通常只要血紅素濃度低於正常值時，即稱作貧血。

根據日本醫師會的發表，指出男性血紅素濃度十三．五～十七g／dl為正常值，女性血紅素濃度十一．五～十五g／dl為正常值。

「將氧氣輸往全身」是血液最為重要的作用，而蘊含於血液中紅血球裡的血紅素則掌管著此作用。當血紅素濃度偏低，導致氧氣無法正常輸往全身，就會令諸般身體組織陷入缺氧狀態，因而造成阻礙。會出現眩暈、心悸、頭痛、呼吸困難、站立時頭暈、臉色蒼白等症狀。貧血之所以會造成心悸與呼吸困難，是身體為了盡快將缺乏的紅血球輸往全身，以補充氧氣所產生的反應。

貧血可分為數種類型，其中，以缺鐵性貧血最為常見。這是一種因為缺鐵而導致無法製造血紅素所造成的貧血。若是減肥減過頭，或是飲食生活不正常等，就會缺乏鐵質。女性於懷孕期及哺乳期，為了胎兒成長與製造母乳，身體會需要大量鐵質，也有可能因此缺鐵。因月經來潮而大量失血，這也是女性獨有的原因。

飲食療法，是幫助改善缺鐵性貧血的最佳方法。希望各位能每天正確吃三餐，並多加攝取肝臟類、小松菜、鹿尾菜、納豆等富含鐵質的食材。

另一方面，男性及於停經後罹患缺鐵性貧血的女性，則有罹患胃癌、大腸癌、胃潰瘍、十二指腸潰瘍等疾病的疑慮。由於此時當事人的胃腸道等消化器官有慢性出血的可能性，因此必須盡早接受醫師診斷。

心律不整 Arrhythmia

脈搏時快時慢的狀態

Focal Point 身體在告訴我們有異常狀況

所謂「**心律不整**」，簡單來說就是脈象紊亂。**竇房結**發出的電流訊號能夠讓心臟肌肉正常地重複收縮、鬆弛，藉此輸送血液，但是該節律卻會遭到某些原因打亂，這就是所謂的心律不整。

心律不整常起因於心臟病，但是罹患高血壓、動脈硬化、甲狀腺功能亢進等疾病也有可能是原因所在。除此之外，健康的人也有可能因為疲勞過度，或是其他不明原因而出現心律不整的症狀。

心律不整大致可區分為頻脈型、徐脈型、期外收縮等類型。

頻脈型就是心律過速，普遍而言，脈博每分鐘跳動五十至八十次為正常值，若每分鐘跳動超過一百四十次即為危險狀態。此外，脈搏數也存在個人差異，因此可以先量量看自己平常的脈搏數。

徐脈型則與頻脈型恰恰相反，指的是心跳過慢的情形。較輕微的徐脈型心律不整不會有症狀出現，但是在病情嚴重時，每分鐘脈搏數甚至會降到四十次以下。此時就像是罹患了**阿斯綜合症**般，自心臟流往腦部的血液量將會急遽減少，導致症狀發作，因此需要多加注意。

期外收縮指的是脈搏亂跳、節奏亂掉，這是心律不整當中最容易產生的狀態。當脈搏亂跳，則會導致患者出現心悸、胸口或喉嚨不適等症狀。

除了前面所述的原因之外，亦有人指出壓力也是造成心律不整的原因之一。交感神經賦予了心臟一定節奏，但是日常生活上的壓力卻會讓**交感神經**時刻處於過度運作的狀態，導致運作無法正常，心臟也會因此受到影響。

由於工作過頭而陷入睡眠不足的窘境，乃至飲食生活紊亂而對身體造成壓力，埋下的惡果最後都有可能以心律不整的形態出現。當各位有心律不整的症狀時，應該要將之視為身體某部分出現異常的警訊，多多讓身體休息。

偏頭痛 Migraine

頭部刺痛，以及與脈搏一致的抽痛症狀

Focal Point

偏頭痛與緊張型頭痛

「**偏頭痛**」指的是頭部單側（或是兩側）出現刺痛，以及與脈搏一致的抽痛症狀，疼痛將會持續數小時，乃至三天。既有人每個月只發作一至兩次，也有人每週會發作一到兩次。患有嚴重偏頭痛的人，則不單只有頭痛，還會出現嘔吐感、嘔吐，以及對光線與聲音敏感等症狀。也有人在頭痛出現之前，會在眼前看到閃爍的光點或鋸齒狀的光線。

至今醫學界尚未釐清造成偏頭痛的原因，有人認為壓力等刺激導致血液中的血清素增加，令血管異常擴張（血管論）；也有人認為是腦部的三叉神經之末梢釋放某種物質令腦部血管擴張，進而產生疼痛（三叉神經血管論）。

頭痛的類型

偏頭痛	緊張型頭痛	群發性頭痛
每個月會出現數次，頭部單側（或是兩側）出現與脈搏一致的頭痛。患者會對光線與聲音敏感，有時也會伴隨著嘔吐感。	平時累積的壓力、長時間的電腦作業等，使得肩頸肌肉僵化，進而發展成頭痛。簡而言之，這就是造成緊張型頭痛的原因。	幾乎每天都會出現一至兩小時，持續一至兩個月的頭痛類型。常見於男性身上，有時患者會有單側眼睛劇烈疼痛的症狀。

除此之外，**緊張型頭痛**嚴格來說與偏頭痛並不相同，而許多有頭痛煩惱的患者其實都是受此類型所苦。緊張型頭痛會擴散至後腦杓、脖頸肌肉、肩膀，患者將會持續感覺到後腦杓像是被鐵箍給箍住般疼痛。

緊張型頭痛的類型多樣，其中既有疼痛每天都會出現的類型，也有疼痛突然出現的類型，而疼痛斷斷續續出現乃是其特徵所在。

長時間緊盯電腦螢幕，並維持相同姿勢會導致肩頸肌肉僵化，血液滯塞，此乃造成緊張型頭痛的原因。因此文書工作者須有意識地透過轉動肩膀來舒緩肌肉緊繃，並在動輒數小時的工作時間當中，安插適當的休息時間。

患者屬於緊張型頭痛時，醫師會開立肌肉鬆弛劑或幫助舒緩精神層面症狀的抗不安劑等藥物給予服用。但全然仰賴藥物也會構成問題，有些患者養成了長期服用肌肉鬆弛劑的習慣，導致最後逐漸失去藥效，即便服用了上述藥物也不一定能令症狀改善。

有緊張型頭痛的人應該盡可能養成正確姿勢，並努力讓血液流動恢復正常。

便祕 Constipation

三天以上沒有排便的狀態

Focal Point 改善生活習慣，藉此順暢排便

所謂「**便祕**」，指的是伴隨有排便困難的狀態。普遍而言，用餐後經過二十四至七十二小時即會排便，若是腸道堵塞而多達三天以上未曾排便，即可視為便祕。每個人排便的次數都各有不同，有些人每二至三天才會排便一次，但是這對他們來說相當正常，不能稱之為是便祕。相反地，即便每天都有排便，但排便後仍有便意，卻又難以排出，則同樣稱之為是便祕。

便祕又可以大致區分為「功能性便祕」和「器質性便祕」。

飲食量、膳食纖維攝取量不足、壓力、缺乏運動，或是置身與平常不同的狀況（如前去旅行）等，上述原因都會造成功能性便祕，讓腸道時而緊張，時而舒緩，導致腸道的運動量降低。而罹患大腸癌、克隆氏症（Crohn's Disease, CD）等消

化器官方面的疾病會令腸道變窄，因而引發器質性便祕。此外，使用肌肉鬆弛劑或精神科藥物等藥劑，亦有可能出現便祕的副作用，此時必須先治好做為原因的疾病。

功能性便祕在便祕當中最為多見，在治療上首先必須建立規律的生活習慣，以求改善便祕症狀。在每日生活中保留一段時間排便，如此一來才能夠順暢地排便。普遍而言，吃早餐後十至三十分鐘之間是腸道運作最為活躍的時間，因此只要在進食之後馬上前往廁所，就能夠輕鬆地排便了。

有些患者因為容易便祕而輕率地服用便祕藥，但是內服這類藥物會讓糞便變得過軟，更有人因此出現腹瀉症狀。為了治療便祕，最好維持規律生活，包含飲食在內。之所以會這麼說，也是因為服用便祕藥有可能會造成腹瀉。

除此之外，富含脂肪的食物容易於腸道內滑動，能夠幫助調整糞便的硬度。而奶油、蜂蜜、水果等食材也具有相同作用，因此不妨加以嘗試，也不失為一個治療便祕的方法。

水腫 Edema

細胞間的水分無法正常出入的狀態

Focal Point

腎臟病與右心臟衰竭也可能是原因

在各位讀者之中，或許有人有過「起床後照鏡子發現臉部水腫不已」「傍晚想要穿鞋時，發現雙腳水腫而穿不太下」等經驗。你可能會認為這類「**水腫**」症狀稀鬆平常，但或許其他疾病就潛伏於其中呢。

水腫的症狀，在醫學上可改稱為「浮腫」。人體的細胞與細胞間存在水分（間質液），若是該水分增加，並令皮膚表面澎起腫脹，這就是水腫的證據。各位可試著用力按壓自己的小腿部位十秒鐘，若是放開手指後，凹陷未能恢復，即代表有水腫症狀。假如只是肥胖而非水腫的人，即便做相同的動作，該處皮膚也不會維持凹陷。

之所以會造成水腫，是因為某些原因破壞了身體平衡，導致原本於血管內外組織順暢進出的水分失衡，以致於水分回收困難，最後就以間質液的型態殘留於細胞間，因而造成水腫。

若是臉部出現水腫，有可能是因為罹患了腎臟病、上腔靜脈症候群等疾病。而若是罹患了**庫興氏症候群**，患者將會出現月亮臉，胸部、腹部蓄積脂肪等罹病特徵。若是腿部出現水腫，則有可能是因為罹患了右心臟衰竭、下肢靜脈瘤、腳氣病等疾病。右心室功能降低會造成右心臟衰竭，而當右心房與大靜脈出現鬱血時，則有可能併發腿部水腫、腹部緊繃、食欲不振、嘔吐感等症狀。

除此之外，若是出現全身水腫則可判斷病情已相當嚴重。特別是當肺部水腫時，患者將出現呼吸困難，因而死亡的案例也並不少見，務必要多加注意。

胸口灼熱

Heartburn

胸部感到灼燒感？

Focal Point

有可能是逆流性食道炎

腹部上方以及胸骨後側出現灼燒般的不適感，這種症狀被稱為「**胸口灼熱**」。而所謂的「灼燒感」也因人而異，諸如胸悶、出現壓迫感，乃至於胸下出現不適感等，在表現上各自迥異。當患者傾訴自己出現了胸口灼熱的症狀時，原因大多出在胃酸逆流至食道。

食道與胃部的連結部位有著一處肌肉，稱作「下食道括約肌」。用餐時，該處肌肉就會打開，將食物送進胃裡；食物進入胃部後，該處肌肉則會關閉，以防胃酸逆流。但是當該處肌肉鬆弛時，胃酸就會逆流至食道，導致出現胸口灼熱的症狀。

暴飲暴食、過度攝取特定食物（辛辣的食物、脂肪含量多的食物、巧克力、胡椒薄荷等）等行為皆會造成胸口灼熱。除此之外，攝取過量的酒精、咖啡因同樣也是導致胸口灼熱的原因。

我們將因為胃酸或是胃部內容物逆流至食道所導致的疾病稱作**逆流性食道炎**，當患者明明就沒有感冒，卻咳嗽不止，甚至出現類似氣喘、喉頭炎等症狀時，即有罹患逆流性食道炎的疑慮，建議接受耳鼻喉科醫師諮詢。有時候服用市售胃藥（添加有Ｈ２受器拮抗劑者）可以使輕微的胸口灼熱症狀獲得改善。

此外，於用餐後立刻躺下會對胃造成負面影響，而抽太多菸同樣也對胃不好。若是改善了上述不良習慣之後，胸口灼熱的症狀仍未獲改善時，請尋求醫師診斷。

眩暈 Dizziness

內耳異常等造成的平衡感失常

Focal Point

分為迴轉性眩暈、浮動性眩暈等種類

當患者有「感覺天旋地轉」「感覺身體亂轉」等自覺症狀時，即稱作「**眩暈**」。除此之外，患者也有可能併發重聽、耳鳴等症狀。

雖說都通稱為眩暈，但眩暈卻是由各種不同原因累加，最後才產生的症狀。當罹患眩暈時，患者可以去耳鼻喉科、內科、腦神經內科、身心內科等各種科別就診，我想這也是因為造成眩暈的要因實在是太多了吧。

除了前述的迴轉性眩暈之外，眩暈的症狀還包括無法筆直行走、腳步虛浮以致無法腳踏實地的浮動性眩暈，以及會在站起時感到頭昏眼花的眩暈等，眩暈的種類可說是各式各樣。造成浮動性眩暈的原因多為腦部病變，有些患者也會連帶出現頭痛、顏面神經麻痺等症狀。

梅尼爾氏症是一種迴轉性眩暈，睡眠不足、壓力過大、生活習慣紊亂等因素將會導致此疾病。醫學界認為內耳異常也是原因之一，患者同時還會出現耳鳴、失聰、嘔吐感等症狀。高齡者的腦部處理能力會隨著年齡漸長而衰退，這也有可能造成梅尼爾氏症。

年輕時，身體得以維持平衡，但是伴隨著老化，眼睛、肌肉、內耳（三半規管等）傳出的訊息將會逐漸無法傳送至腦部，導致身體日益失衡。醫師之所以會開立血管循環促進劑來促進腦部與內耳的血液循環，我想與上述情形也有關係。

如果各位周遭有人突然出現眩暈症狀時，請盡可能解開對方衣物，並讓他以輕鬆姿勢躺下；若是出現嘔吐感，則將其頭部朝向側面擺放，以避免嘔吐物堵住喉嚨，這點相當重要。

普遍而言，靜待一段時間後，眩暈就會出現舒緩的傾向，但若症狀遲遲未消失時，則待患者的症狀稍趨穩定之後，陪同前往醫院接受醫師診斷為佳。

專欄

「大學附設醫院」是什麼樣的組織？

那些守護著民眾健康的醫師們，幾乎都畢業於醫科大學或是大學醫學系。除此之外，也有人是畢業自國外的醫科大學後，再考取醫師國考，成為一名醫師，但是這類醫師的數量並不多。

日本的醫院分為市立醫院、診所、大學附設醫院等類型，其中只有大學附設醫院具有培養醫師的教育功能。每間醫科大學或是大學的醫學系都會有一間以上的附設醫院，以提供學生實習，並在考取醫師國考資格後，進行臨床研修，藉此踏出做為醫師的第一步（註：台灣亦同）。

第二章

治療時該知道的基本常識

腎上腺素

Adrenaline

讓心跳數與血糖值上升的荷爾蒙

Focal Point

「腎上腺素要噴出來了」的意思是？

當我們在看運動比賽，或是欣賞演唱會的實況時，有時會因為過於興奮而以「腎上腺素要噴出來了」來形容自己的心情。而到底何謂「**腎上腺素**」呢？

所謂腎上腺素，指的是由副腎髓質分泌出的荷爾蒙，乃是一種傳遞神經的物質（**神經傳導物質**）。由於腎上腺素具有提高心跳數與血壓的作用，因此當人體分泌腎上腺素時，即代表處於興奮狀態。

副腎髓質位於副腎（連結於左右腎臟上，左右各一的內分泌器官），是一個紅褐色的柔軟組織，能夠分泌腎上腺素、**正腎上腺素**、少量的多巴胺（上述統稱為**副腎髓質荷爾蒙**）。研究指出，副腎髓質所分泌的荷爾蒙當中，約八成是腎上腺素。而正腎上腺素則為腎上腺素的前導物；也就是說，副腎髓質會在分泌腎上腺素之前分泌正腎上腺素。

正腎上腺素同樣也是神經傳導物質，具有令末梢血管收縮，提高血壓的作用。而腎上腺素除了上述作用之外，還能夠使支氣管擴張，並促進血糖值提高。

當人類感到壓力時，交感神經就會受到刺激，因而分泌腎上腺素、正腎上腺素、多巴胺等「**兒茶酚胺激素**」。一旦分泌兒茶酚胺激素，當事人就會出現心跳數增加、呼吸數增加、血糖值上升、瞳孔放大等情形。

這是動物生存所需的身體作用，不只限於人類。舉例來說，小動物在被獅子盯上時，為了逃出生天，則必須加快呼吸，以增加流往運動器官的血液量。夜晚也必須放大瞳孔，以避免受到敵人偷襲。當動物承受著壓力時，就會引發上述行動。

全身過敏性反應

Anaphylaxis

因免疫反應而引發的全身反應

Focal Point

需要立即注射腎上腺素

「**全身過敏性反應**」，係指因免疫反應而引發的全身反應。當不小心吃下做為抗原的食物，或是吸入抗原時，身體就會出現過敏症狀。患者會出現皮膚、黏膜、消化器官、循環器官、呼吸器官等遍及全身的症狀，此時甚至會連帶引發血壓降低、意識模糊等情形，陷入極度危險狀態的患者也不在少數——這種情形被稱作「**全身過敏性休克**」。

原本人體內有一套**免疫**系統，能夠製造抗體，對抗侵入體內的病毒及異物。而當免疫系統認為那些其實不會造成人體傷害的物質有害、產生過剩反應時，即會造成負面症狀，即為過敏反應。

除了食物（牛奶、雞蛋、蕎麥麵、小麥等）之外，藥物（青黴素、阿斯匹林等）、乳膠（天然橡膠）、蜂毒（大黃蜂、長腳蜂等）都有可能是造成過敏的物質——即為抗原。遭到蜂螫而產生的全身型過敏相當廣為人知，亦有資料顯示，日本每年都有約二十人死於蜂螫。根據報告指出，亦有因為受到塵蟎、螞蟻等咬傷（被咬時形成的傷口）、或是因水母毒素而出現全身過敏性反應的案例。抗原就潛伏於日常生活的各處啊。

全身過敏性反應的患者不但會有蕁麻疹等皮膚症狀，還會出現咳嗽、呼吸困難等呼吸器官方面的徵狀，及血壓降低等循環器官方面的狀況。醫師會根據症狀的不同，開立藥物給患者服用，譬如皮膚方面的症狀即開立抗組織胺，呼吸器官方面則開立支氣管擴張劑等。但若患者處於休克狀態，則需要注射腎上腺素，因此請遵照醫師的診斷結果。

若是懷疑是因為飲食而造成全身過敏性反應時，則取出患者口中殘留的食物，並使其仰躺，墊高雙腳靜養。如果出現嘔吐症狀，則將患者身體側躺，以避免嘔吐物阻塞喉嚨。

過敏 Allergy

免疫系統反應過度，因而對身體造成傷害

Focal Point

花粉症、異位性皮膚炎等

當細菌及病毒等異物進入體內時，身體會判斷那是「別人（不是自己）」，因而製造抗體加以防禦——這稱作「**免疫**（**免疫反應**）」。免疫的意思為「免除疫病造成的危害」。

除此之外，有時免疫系統也會誤判體內原有的物質為「別人」，因而引發免疫反應。此時的免疫反應有可能會過了頭，反而對身體造成傷害——即是「**過敏反應**」。普遍而言，人們在講的**過敏**，指的就是過敏反應。

細菌、病毒等異物也被稱作「**抗原**（**過敏原**）」，當抗原侵入體內時，免疫系統就會為了消滅抗原，製造出一種名為免疫球蛋白E的蛋白質。如此一來，即便相同抗原再次進入體內，上回已被製造出的免疫球蛋白E就能夠迅速與該抗原結

合，進而抑制抗原的活動。這就是所謂的「已經養成免疫力了」。

小時候罹患過麻疹、德國麻疹（又稱風疹）、流行性腮腺炎等疾病的人，在之後就不會再患上同一疾病，全都是因為免疫系統起到作用的緣故。

像是花粉症也是一種過敏反應，杉樹、扁柏等植物的花粉則是其抗原；當患者體內的免疫球蛋白E與花粉結合，並附著於肥大細胞上時，肥大細胞就會一口氣釋放出當中的組織胺等化學物質，

主要的抗原種類

吸入性抗原

室內浮游物、灰塵：塵蟎、細菌、動物毛髮、羽毛等

花粉：花草植物的花粉

黴菌類：念珠菌、鏈格孢菌、青黴菌、分枝孢子菌等

其他：麵粉、蕎麥粉、菇類孢子等

食物性抗原

牛奶（乳製品、奶油、起司等）；
雞蛋（美乃滋、蛋白、使用雞蛋製成的點心類等）；
海鮮類（鯖魚、鮪魚、鯡魚、烏賊、蝦、牡蠣、螃蟹等）；
肉類（牛肉、豬肉、火腿、香腸等）；
豆類（花生、胡桃等）；
蔬菜類（洋蔥、牛蒡、芹菜等）

接觸抗原

藥物、化妝品、塗料、衣物等

藥物抗原

抗生素、血清、荷爾蒙藥劑等

這就是造成搔癢症狀的原因。

除此之外，**支氣管性氣喘**、**異位性皮膚炎**、**膠原症**等疾病也都是過敏反應。膠原症患者的全身都會出現發炎症狀，造成膠原症的確切原因尚且不明，但應為自體免疫系統異常而引發的疾病；因此膠原症也被稱作「自體免疫疾病」。全身型過敏也是一種過敏，是諸般過敏反應當中最為激烈的一種。

知情同意 Informed Consent

為了充分理解自己的治療方針

Focal Point 由家屬陪同，一起理解治療內容

簡單來說，「**知情同意**」的意思就是「說明與同意」；解釋地稍微囉嗦一點，就是「醫師就患者的病情進行說明，患者就內容加以理解、認同之後，再同意接受治療、檢查」。

例如，當某位家人罹患癌症時，有些醫師可能會煩惱是否該將罹癌的消息告訴患者本人；而根據數個與癌症病情告知相關的問券調查顯示，其中約有八至九成的患者回答：「能知道病情真是太好了」。也就是說，患者本人是在接受了病情告知後，才產生了想要面對治療的念頭。

直到近年為止，大眾普遍認為「癌症的病情告知會給予患者本人過大衝擊，因此不該進行」，但是根據上述問券調查結果，也意味著人們的認知已出現極大變化。由於現在癌症治療的技術越發進步，康復的機率也跟著提高，因此患者的想

法也逐漸改變。

同時，藉由掌握自己剩餘的性命，患者也能更有意義地度過接下來的人生，我想上述問券的調查結果也可說是該想法的顯現呢。

這種時候，醫師必須詳細地向患者說明診斷結果、治療方針、投藥種類、副作用、復健等內容，並獲得患者的理解、同意，同時展開療程。這就是「知情同意」的具體內涵。

但當患者處於精神狀態不穩定的狀態，或是個性纖弱者，即便醫師就病情進行告知，患者也有可能無法充分接受，反而因此造成精神傷害的案例也不在少數。

當然了，此時最好能有患者家屬（或是代理人）在場。由於在治療上，不可缺少患者家屬的合作，因此無論是家屬，還是患者本人都必須理解病情。

除此之外，為了能與醫師之間建立起良好溝通，患者也必須要理解自己的治療方法。

發炎 Inflammation

身體排除異物的反應

Focal Point

治療上盡量不要使用藥物

「**發炎**」係指：身體察覺到外來的危險異物時，產生的排除反應。身體會透過發炎去除有害的異物，或是修復身體組織。

細菌、外傷、溫熱（燒傷）、寒冷（凍傷）、光線（曬傷）等原因都會造成發炎，其中又以因細菌造成的發炎最為常見。細菌不時侵入體表皮膚等人體組織中，這些侵入行為大抵都會以小發炎的形式獲得處理；但是當發炎程度較大，形成嚴重發炎時，當事人就會發現到這件事。「發紅」「溫熱」「疼痛」「腫脹」是發炎時的四個主要特徵。若是同時見到上述症狀時，即表示身體組織發炎了。

例如，當身體某處長了一個癰（Carbuncle）時，醫師會做出「這裡發炎了」等診斷。剛開始，癰只是一個小小的紅點，但是之後患部會漸漸變大，並開始發熱。

不久，患部會出現刺痛、膨脹等症狀；幾天後按壓患部時，將會有水分膨脹感，這就是患部蓄膿的證據，此時則要前往醫院，並請醫師拿針筒將膿液抽出。所謂的膿，指的是白血球吃下病原體後，陣亡留下的屍體。觀察癰形成的一連串過程，我們可以發現其中包含了前面所述的四個要素。

除了癰這類案例之外，**異位性皮膚炎**也可說是一種皮膚發炎。當罹患了異位性皮膚炎時，患者的皮膚將會因為發炎而持續處於搔癢狀態，抓搔將會使病情進一步惡化，因此，治療上有著優先抑制搔癢的傾向。

但誠如前面所述，發炎是身體自然的排除反應，因此，若是想透過服藥來強行抑制發炎，反而有可能會讓恢復速度變慢呢。建議還是每天攝取充足睡眠與營養，盡可能讓症狀自然痊癒。

化學療法 Chemotherapy

使用抗癌藥物治療癌症的行為

Focal Point 化學療法當中的「化學」是什麼意思呢？

外科手術治療、放射線治療、雷射治療都是治療癌症的方法，而使用藥物這種化學物質來進行的治療即為「**化學療法**」。也就是說，醫師會透過藥物來抑制癌細胞的分裂、增生。

我想或許有人會因為「化學」二字，而誤以為這是一種使用放射線治療的癌症療法，但這是錯誤的觀念。在進行癌細胞切除手術的前後，或是透過放射線治療來避免癌細胞分裂時，也有可能一併使用化學療法。

當使用化學療法治療癌症時，醫師會為患者注射抗癌劑，或是直接口服，藉此讓抗癌劑的成分循環至全身，以減少、甚至破壞癌細胞做為目的。由於療效遍及全身，因此在癌細胞有轉移的疑慮時，或是罹患惡性淋巴瘤、白血病時會具有較高的療效。

另一方面，亦有醫師對化學療法抱持懷疑態度，認為化學療法無法完全消滅癌細胞，頂多只能稍微起到減少癌細胞的作用，這是個事實。若是不幸罹患癌症，先與醫師促膝長談，再行選擇治療方法或許是不錯的做法。

感染症 Infectious Disease

身體因感染而出現症狀

Focal Point 透過勤洗手與戴口罩加以預防

自然界中棲息著諸般微生物，譬如細菌、病毒、黴菌（真菌）、寄生蟲、分枝孢子菌、立克次體等。在這些微生物當中，會造成人體染病的類型被稱作「病原體（病原微生物）」。

並非所有微生物都是病原體，其中也有某些微生物時刻存在於人類或動物體內，並幫助宿主維持健康。

所謂感染，指的則是病原體侵入體內，並大量繁殖的狀態。因感染而引發身體症狀的狀態則被稱作「**感染症**」。此外，人類直接或是間接地將病原體傳播給另一個人，進而引起嚴重症狀的感染症曾經被稱作「**傳染病**」（日本一九九九年之後已更名為感染症，台灣則無特別區分）。

在人類受到病原體感染，至症狀出現為止的期間被稱作「**潛伏期**」；若是在感染之後的症狀過於輕微，以致患者無法察覺時（或是不認為這是症狀時），則稱作「**不明顯感染**」。體內留有病原體的人則是「帶原者（Carrier）」。

病原體侵入人類或是動物體內的途徑（感染途徑）可分為兩種，亦即直接途徑與間接途徑。

直接感染途徑又可分為因皮膚傷口或是性行為造成的感染（**直接接觸感染**、**破傷風**等）；以及病原體與帶原者咳嗽、打噴嚏的飛沫一起四濺，自他人口鼻侵入體內，進而造成的感染（**飛沫感染**、德國麻疹、流感等）；乃至於身為帶原者的孕婦經由胎盤，造成胎兒的感染（**母子垂直感染**、先天性麻疹症候群等）等。

間接感染途徑則可以分為帶原者咳嗽、打噴嚏的飛沫四散於空氣當中，並於蒸發後形成飛沫核，他人因吸入該飛沫核而造成的感染（空氣感染、結核、麻疹等）；及受到帶有病原體的塵蟎、蚊子等造成的感染（瘧疾、瘟疫等）；乃至於經由帶原者的排泄物、分泌物（鼻水、痰等）、餐具、門把等物造成的感染（間接接觸感染）等。

考量到上述感染途徑，勤洗手、多漱口、戴口罩、食用衛生的食品等，能夠幫助預防感染症。除此之外，也可進行**預防接種**。施打**疫苗**的目的乃是於人體內建立起對疾病的免疫力。但並非所有病原體都有相對應的疫苗。在施打疫苗前，也必須要做好因為副作用而產生負面變化（**副反應**）的心理準備。

寄生蟲症 Parasitic Disease

人體因寄生蟲而感染的疾病

Focal Point

流行飼養寵物與老饕美食所造成的另一面

現在日本的衛生十分良好，曾經具有高感染率的蛔蟲症及蟯蟲症也變得相當罕見。雖說如此，由於受到寵物飼養與老饕美食流行的影響，日本人罹患人畜共通的「**寄生蟲症**」，如：**弓蟲症**、**安尼線蟲症**等疾病的案例有增加的傾向。

所謂弓蟲症，是一種因為受到寄宿於動物糞便、雞肉、豬肉當中的原蟲——弓蟲所感染，因而引發的疾病。亦有報告指出，日本國內約有一成左右的成年人罹患弓蟲症（資料來源：千葉縣獸醫師會官網）。感染弓蟲症後，沒出現任何症狀的情形並不少見；然而一旦發病，患者將會出現發燒、發疹等症狀，若陷入免疫系統不全狀態，甚至有可能會發展成重症。

安尼線蟲症（亦稱海獸胃腺病），指的則是患者因為生吃帶有安尼線蟲的海鮮，因而引發的疾病。由於日本人喜歡吃生魚片及壽司等食物，因此算是常見疾病。只要有一條安尼線蟲的幼蟲，就可能感染安尼線蟲症；因此，若不想被感染，就只能盡可能避免吃生食了。

由於漁獲期的關係，因此人們在每年十二月至三月的寒冷季節較容易罹患安尼線蟲症，患者會因為生吃鯖魚、烏賊、竹筴魚等海鮮類而患病。誤吃安尼線蟲後，約經過二至八小時會開始發作，此時，患者將出現腹痛、嘔吐、腹瀉等症狀，之後再慢慢恢復。

除此之外，當罹患安尼線蟲症時，胃腸道內會出現一種潰瘍性的嗜酸性肉芽腫，但是只要症狀沒有過於嚴重，都能夠自然痊癒。

另外，尚有**胞蟲症**（胞蟲是一種寄生於狐狸或是犬隻身上的條蟲）、**肺吸蟲症**（寄生於螃蟹等海鮮類身上的肺吸蟲幼蟲）、**肝吸蟲症**（寄生於鯉魚與淡水貝類等海鮮類身上的肝吸蟲幼蟲）等寄生蟲症，在生吃海鮮類或肉類時需要充分注意。此外，與寵物也要避免過於親密的接觸，並於處理寵物排泄物後確實洗手。

Blood Pressure

血壓

來自心臟的血液對血管壁所產生的壓力

Focal Point

何謂「血壓的上下壓」？

心臟為了將血液毫無遺漏地輸往全身，必須不停進行收縮與舒張，像是幫浦般擠壓出血液。就像我們想將水從低處輸往高處時，需要使用幫浦一樣，心臟輸送血液的方式也極為相似。

「**血壓**」係指來自心臟的血液對血管壁所產生的壓力。普遍而言，當最高血壓達一四〇mmHg以上，最低血壓達九〇mmHg以上時，則定為高血壓（根據日本高血壓學會、WHO世界衛生組織等訂定）。

心臟收縮時（送出血液時）的血壓稱作「收縮壓」，而收縮的心臟舒張時（心臟恢復原本狀態，蓄積血液以再次送出血液時）的血壓則稱作「舒張壓」。

在提到血壓時，也常會使用所謂「血壓上下壓」的說法。此時「上壓」指的是收縮壓（最高血壓），「下壓」指的則是舒張壓（最低血壓）。

血壓在一天之中不會維持在相同數值，普遍而言，血壓會在清晨時開始上升，在白天達到高點，並於就寢時下降。當處於緊張、運動、排便等狀態時，血壓數值將會升高；而洗澡後等狀態時，血壓則會降低。

當在醫院測量血壓，有時候會出現「平時的血壓正常，但在醫院卻測出較高血壓」的情形。這是因為在醫院看到醫師、護士的姿態感到緊張，進而出現血壓升高的現象，因此又被稱作「白袍高血壓」（另一方面，若是在家裡測出的血壓值比醫院測出的高，則稱作「假面高血壓」）。

隨著家用型的血壓計日益普及，許多人開始會在自家測量血壓，但是誠如前面所述，血壓常會受到周遭環境影響，若要在自家測量血壓，建議應於每天的固定時間測量數次。

普遍而言，早晚各測一次血壓較為常見。最好是於起床後一小時內，以及晚上就寢前進行。在測量血壓前，要先坐在椅子上，經過一至兩分鐘之後，再開始測量血壓。同時測量位置則須與心臟同高，這樣才能夠測量出正確數值。市面上販售的血壓計類型五花八門，但以與心臟同高的角度而言，可以使用上臂做為測量位置的類型較佳。

血液 Blood

占體重約百分之八的體液

Focal Point

血液由「血球」與「血漿」組成

「**血液**」指的是流動於人類與動物血管內的體液，約占體重百分之八的體積。例如：一位體重六十公斤的人，則會有約四．八公升的血液循環於體內。

血液由有形的「血球」，以及無形的「血漿」所組成。血球約占血液容積的百分之四十，血漿則占約百分之六十。血液的主要功用是搬運氧氣、二氧化碳、營養、老廢物質等，並幫助體內環境保持一定狀態，如：水分平衡、體溫等；同時也掌管了免疫反應、止血作用、捕食細菌等功用，避免造成體內傷害。

血球的種類包括有紅血球、白血球、血小板。其中，**紅血球**具有將氧氣運送至身體各處的功用，直徑約為六～八微米（一微米為一釐米的千分之一），其內部存在著一種名為**血紅素**的蛋白質。血紅素含有鐵質，因此血液的顏色為紅色，其會與來自肺部的氧氣結合，並循環至身體內各處的組織，釋放出氧氣。因此當體內缺乏血紅素時，則會導致無法向體內各處組織供氧，進而引發貧血症狀。

白血球則負責消滅細菌、病毒等異物，藉此保護身體。與紅血球不同，白血球擁有細胞核，因此能夠自行循環於血管及組織當中。白血球中含有顆粒球（嗜中性球、嗜酸性球、嗜鹼性球）、淋巴球、單核球等，其中嗜中性球與單核球所占比例最多，這些白血球負責與細菌

血液成分與種類

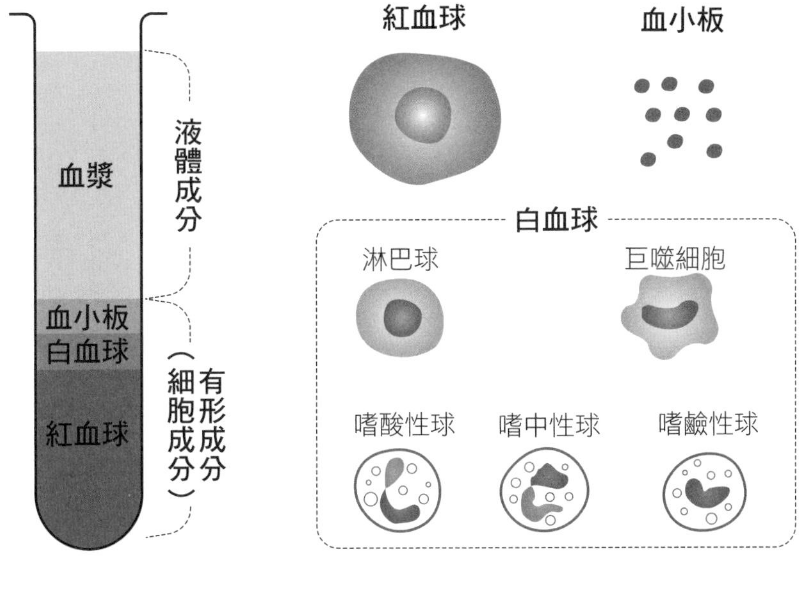

等異物對抗，藉此守護身體健康。

淋巴球則是一種負責免疫功能的成分，約占白血球的百分之三十。

血小板，誠如其字面意思，形狀呈板狀，掌管血液的凝固作用；也就是說，血小板具有止血作用。當血管因故破裂時，血小板便會聚集於傷口位置，製造出血栓（血液結塊），藉此止血。因此，當血小板數量不足時，就會出現血流不止的情形。

而血漿百分之九十的成分是水分，剩下的則幾乎都是蛋白質。血漿除了負責搬運營養、荷爾蒙、維生素、老廢物質等之外，也負責調節體內水分。

血型 Blood Type

在輸血時很重要的ＡＢＯ血型及Rh血型

Focal Point

血型於一九〇一年發現

紅血球表面的「抗原」決定了「**血型**」。我們可以使用血清學的方法，分類出許多血型，而在輸血時最為重要的則是ＡＢＯ血型以及Rh血型。

當使用捐血者的血液輸血給患者時，會選用彼此ＡＢＯ血型相同者。除此之外，如果輸給與患者ＡＢＯ血型不同的血液，則所輸血液當中的紅血球將會凝固、壞死，進而導致患者休克（溶血反應）。有時也會因為所輸血液當中的淋巴球大量繁殖，進而出現患者體內細胞遭到破壞的「移植物對抗宿主疾病（Graft Versus Host Disease）」，也可能因而引發急性腎衰竭等重症。

ＡＢＯ血型將血型分為Ａ型、Ｂ型、Ｏ型、ＡＢ型四種，各占日本人血型的百分之四十、二十、三十、十（編按：台灣人血型的比例則約為百分之

三十、二十、四十、十）。

另一方面，Rh血型又可分為陽性（Rh+）與陰性（Rh-），其中幾乎都為Rh陽性，若患者的血型為Rh陰性，即便是相同的ABO血型，亦需要使用Rh陰性的血液來進行輸血。

當雙親的血型分別為A型與B型時，孩子的血型有可能會是A型、B型、O型、AB型的任一種；當雙親的血型分別為A型與O型時，孩子的血型則有可能會是A型或是O型。在後者的案例當中，若是生下了血型為A型的孩子，並非O型的性狀未獲得遺傳，只是隱藏在A型之下罷了。

此外，發現血型的人是奧地利血清學者卡爾・蘭德斯坦納（Karl Landsteiner），時間則是一九〇一年。之後他也繼續研究與抗原抗體反應有關的諸般領域，並於一九三〇年獲頒諾貝爾生理與醫學獎。他之所以會發現血型，契機乃是某天他發現將某個人的紅血球混入別人的血清當中時，有時會出現凝固，有時則不會，進而得知人類的血型可分為數種。

膽固醇 Cholesterol

一種人體不可或缺的脂質

Focal Point

膽固醇的好壞？

人們普遍認為「**膽固醇**」是引發動脈硬化與心肌梗塞的原因。但事實上，膽固醇卻是人體不可或缺的重要物質。世人之所以會將膽固醇形容得十惡不赦，乃是因為他們把「攝取過量」當作是前提啊。膽固醇是一種脂質，在人體於體內合成了約百分之七十的膽固醇；也就是說，即便完全不透過飲食攝取膽固醇，血液當中仍會有少量存在。

「由膽汁（Chole）凝結而成（Sterol）」則是膽固醇的命名由來。膽固醇是製造細胞膜、性荷爾蒙（男性荷爾蒙、女性荷爾蒙）、副腎皮質荷爾蒙、膽汁酸、維生素D等的原料，對身體是不可或缺的存在。

提到膽固醇，我想應該也有人聽過所謂「好膽固醇」和「壞膽固醇」吧。好膽固醇即為**高密度脂蛋白膽固醇**，壞膽固醇則為**低密度脂蛋白膽固醇**，前者負責將殘留於血管中的多於膽固醇運往肝臟儲存，並再行利用；後者則會氧化並附著於血管壁上，進而導致動脈硬化。高密度脂蛋白膽固醇當中含有大量蛋白質，而低密度脂蛋白膽固醇中只含有少量蛋白質。

普遍而言，我們所謂對人體不好的膽固醇都是在指後者。膽固醇原本就存在於體內，因此只要不攝取過量，就不會造成什麼問題。肥肉較多的肉類、油炸麵體的速食麵、乳製品、洋芋片等食物當中都含有大量的**飽和脂肪**，會令體內的膽固醇增加，因此須避免攝取過量。

除此之外，也可以多加攝取豆腐、油豆腐、海鮮類等富含不飽和脂肪，又能夠幫助降低膽固醇數值的食物。

Visit Fee

初診費、回診費

為了問診與製作病歷所支付的看診費

Focal Point

日本的上述費用於二〇一四年起出現些微漲幅

「初診費」係指患者首次於保險醫療機構看診時，需要支付的看診費用。所謂保險醫療機構，則是由日本厚生勞動大臣指定，可使用健保卡（譯註：日本稱作保險證）的醫院、診所、藥局。相反地，若是不屬於保險醫療機構的醫療機構，則無法使用健保卡，患者需要全額負擔醫療費用。

在診療報酬（獲保險診療支付的醫療服務公定價）的制度下，進行各種醫療行為都可獲得一定點數。**診療報酬**為一點＝十日圓（譯註：台灣健保點數換算則為浮動點值，一點約為〇．八～〇．九台幣）。診療結束後，患者至櫃台結帳時可拿取收據，收據上寫有進行之醫療行為的內容，相信許多人都有看過。

在日本，一般醫院使用的醫科診療報酬點數表上，初診費為兩百七十點，即兩千七百日圓。而日本全民健保的自費比例為三成，因此初診費為兩百七十點乘以〇．三，亦即八百一十日圓。此外，普遍而言，若是患者因個人因素而停止療程，並於經過一個月以上的時間後，再次因為同樣疾病而前去看診時，則須再收取一次初診費（規定依醫院而有所不同）。

在初診時，醫師會為了辨識患者當下症狀，而詢問患者過去的病史、服藥史，以及當下症狀等，進而決定診療方針——稱作**問診**。由於醫師會在初診時，花費時間向患者詢問上述事項，並製作患者的病例，因此需要收取初診費。

而所謂「回診費」，則是指患者前往床位不足兩百床的保險醫療機構看診時，第二次開始必須支付的看診費用。回診費在醫科診療報酬點數表上為六十九點，因此六十九點乘以十乘以〇．三，亦即兩百七十日圓。

隨著日本於二〇一四年四月起調漲消費稅，初診費與回診費也跟著一併調漲，初診費由兩千七百日圓調漲一百二十日圓，而回診費則由六百九十日圓調漲三十日圓。

（編按：台灣的健保已包含看診等醫療費用，民眾只需繳交掛號費及部分負擔費用。「掛號費」指的是「健保醫師診察費」涵蓋內容以外的「行政成本」，通常為五十至三百元不等。為了避免醫療浪費及大醫院迷思，健保規定民眾若沒有經過轉診，直接前往愈高層級的醫院就醫，須繳交的部分負擔費用則愈高。）

全身麻醉 General Anesthesia

將氧氣與麻醉瓦斯送入氣管

Focal Point 併用全身麻醉與局部麻醉

麻醉是用來鎮定患者於手術中與手術後產生的疼痛。麻醉又可分為局部麻醉、部分麻醉等類型，而在頭部、臉部、心臟、胸部等處動手術時，則須施以「**全身麻醉**」。

用於全身麻醉的藥劑各式各樣，醫學界在這方面煞費苦心，以期藉由併用各類藥劑起到更為安全的麻醉效果。常用的藥劑包括吸入性麻醉劑、靜脈注射性麻醉劑、肌肉鬆弛劑、鎮痛劑等，其中鎮痛劑尚包含嗎啡等麻藥。

全身麻醉可分為吸入麻醉法（氣管插管麻醉法、氧氣面罩麻醉法）與靜脈注射麻醉法；氣管插管麻醉法會事先透過靜脈注射麻醉或吸入麻醉令患者失去意識，之後再施以肌肉鬆弛劑令患者放鬆全身肌肉。當肌肉鬆弛劑生效的期間，患者將無法自主呼吸，因此醫師必須使用呼吸器施以人工呼吸，於患者氣管內插入導管，並送入氧氣與麻醉氣體，令肺部（肺泡）乃至腦部（中樞神經）等器官麻痺。

現在醫師透過併用全身麻醉與局部麻醉，藉此減輕患者術後疼痛的情形並不少見。

於手術中使用全身麻醉時，有可能會發生氣管內的導管於手術中脱落、呼吸停止、血壓下降等難以預期的意外，因此麻醉醫師必須多加注意。若麻醉醫師人數不足將導致嚴重問題，理所當然地，沒有麻醉醫師就無法動手術。動手術時，配合麻醉醫師的行程再決定手術進行日，已經是約定俗成的規範了。

除此之外，全世界首度成功進行全身麻醉手術的是日本人——一位名為華岡青洲，生於江戶時代後期的醫師。根據史書記載，一八〇四年，醫師華岡青洲在為乳癌患者動手術時，使用了一種以曼陀羅花為主要成分的藥物「通仙散（麻沸散）」，成功令患者陷入沉睡後，順利地摘除乳房腫瘤。

對症療法

Symptomatic Treatment

用以舒緩症狀的治療方法

Focal Point

常被人搞錯的「對症療法」

在治療疾病時，醫師會有數種方法可供選擇，當醫師施以治標不治本的治療方法時，稱作「**對症療法**」。由於日文的對症與對處讀音相似，因此某些日本人會將「對症療法」誤記為「對處療法」，而「對症療法」才是正確寫法。

此外，誠如前面所述，直接針對疾病成因進行治療的方法則稱作「**確定性療法**」。

不管是在治療諸如發燒、咳嗽、鼻水、腹瀉、便祕、心悸、眩暈、體寒等輕微症狀時，或是在治療因癌症而產生的疼痛、狹心症、頭痛、腹痛、神經痛等重度症狀時，一開始幾乎都會先施以對症療法。之所以如此，是因為上述症狀都會對患者造成某種疼痛，而先行消除這些疼痛乃是治療上的先決條件。

再者，不像是確定性療法那般，光憑問診就能立刻掌握症狀的成因，因此醫師都會先採用對症療法為患者治療。

但是在接受對症療法時，有一件事情需要特別留心。

譬如發燒時，假設醫師施以對症療法，開立解熱劑給患者，以抑制體溫過高的症狀；降低患者體溫這件事並沒有錯，但是發燒乃是人體因為病毒、細菌等異物入侵而產生反應，此時若是使用藥劑進行治療，則有可能造成患者需花上更長的時間才能恢復。

除此之外，也需要考慮到藥劑所帶來的副作用，因此患者需要自行管理身體狀況，藉此將藥劑的副作用壓低至最小限度。

電解質 Electrolyte

溶於水且能導電的物質

Focal Point 嚴重腹瀉與嘔吐時，需要透過滴點滴補充

出現於海洋中的單細胞生物是最初誕生於地球的生命。經過長時間的演化，單細胞生物進化成了多細胞生物，其中某些群體則成為了脊椎動物，並上岸呼吸空氣。接下來我們人類也誕生了。

現在，人類生活在陸地上，但是遠古時代於水中生活的痕跡仍殘留在人體內，也就是被稱作「體液」的水分。體液中全都含有「**電解質**（離子）」，這是一種與海水相似的成分。也可以說，我們體內所有成分，從血液乃至羊水，全都是來自大海的餽贈。

所謂電解質，則是泛指溶於水能導電的物質，也是人體肌肉、神經興奮時所須的物質。除此之外，電解質也負責調整細胞的滲透壓。主要的電解質則為鈉、鉀、

鈣、鎂、氯等。

其中，鈉與鉀幫助肌肉收縮與神經傳導等；鈣質則是人體製造骨骼、牙齒的材料來源；鎂能促進酵素活化；氯則調整體內水分量與細胞滲透壓等。

因此，當嚴重缺乏鈉與鉀時，會導致肌肉與神經無法正常運作，進而陷入脫力狀態，或是出現意識昏沉等症狀。

在日常生活中，或曾在電視機上的運動飲料廣告內，聽過電解質與離子等詞彙。日頭赤炎炎的盛夏，運動後最好來上一瓶運動飲料，能夠幫助補充因流汗而失去的水分及電解質，當中含有鈉、

主要的電解質與其功用

鈉離子（Na^+）	調節體內的水分量與滲透壓、幫助肌肉收縮、神經傳導等
鉀離子（K^+）	幫助肌肉收縮、神經傳導、心臟收縮等
鈣離子鈣（Ca^{2+}）	幫助肌肉收縮、神經傳導、形成牙齒與骨骼、血液凝結等
鎂離子（Mg^{2+}）	幫助肌肉收縮、形成牙齒與骨骼、活化酵素等
氯離子（Cl^-）	調節體內的水分量與滲透壓、胃酸分泌等

鉀、鈣、鎂等電解質。

運動飲料對健康的人而言，可說是最佳的水分補給管道；但是若有嚴重腹瀉、嘔吐等症狀時，喝運動飲料反而會讓腹瀉與嘔吐等症狀反覆發作，令水分與電解質流失得更加嚴重。當抱有上述嚴重症狀時，最好是透過含有電解質的點滴進行治療。

全身健檢

Comprehensive Physical Examination

為早期發現疾病的綜合健檢

Focal Point 也有「女性健檢」

基於日本勞動安全衛生法規定，公司員工每年須接受一次定期健康檢查（譯註：台灣則根據年齡不同，分為每年、每三年、每五年等檢查周期）。除此之外，自營業或是家庭主婦等也可根據個人意志，接受地方政府等處所舉辦的健康檢查。

但事實上，這類健康檢查的內容有限，無法充分檢查全身上下每個部位。此時則需要再接受「**全身健檢**」。

除非病情嚴重到某個程度，否則像是糖尿病、高血壓等生活習慣病，乃至於癌症等疾病並不會出現自覺症狀，大多難以早期發現。特別是癌症，當發現罹病時，病情常已是回天乏術的狀態了。

根據選擇方案的不同，全身健檢除了身體數值測量、血壓、心電圖、呼吸功能檢查、胸部X光、尿液檢查、血液檢查之外，還能夠額外選擇接受攝護腺、乳腺、C型肝炎等檢查項目。方案又有單日型（當天來回）、雙日型（住宿），根據情形不同，也會有須耗時三天以上的全身健檢。

普遍而言，二十歲以上是全身健檢的對象年齡層，原則上每年接受一次為佳。但是接受全身健檢乃是以早期發現疾病做為主要目的，若患者本身已經知道自己所患疾病的嚴重程度時，則不建議再接受全身健檢。

誠如前面所述，除了全身健檢之外，健診的方案還包括專門檢查胃腸道等消化器官的「消化系統檢查」，透過磁振造影（MRI）、頸動脈超音波檢查進行的「**腦部健檢**」，以癌症檢查為目的的「正子攝影」，包含子宮頸癌檢查與乳房攝影的「女性健檢」等。

在日本，單日型（當天來回）全身健檢約為五萬日圓，雙日型（住宿）全身健檢則約為十萬日圓。雙日型全身健診的檢查會於隔天的中午過後結束，因此費用也包含旅館住宿費（編按：台灣全身健檢亦有半日、單日及雙日的方案，依檢查的項目不同，價格約一萬至兩萬元不等）。

此外，由於使用於全身健檢與健檢的費用並不包含治療疾病所須的費用，因此原則上並不列為醫藥費用扣除的對象。但若在接受全身健檢的過程當中發現罹患重大疾病，並接受後續治療時，則全身健檢就可被視為於治療前事先進行的診察，因此可列入醫藥費用扣除的對象。

腦部健檢

Health Examination of the Brain

為早期發現腦部異常的健檢

Focal Point

四十歲後就要考慮接受腦部健檢了

「**腦部健檢**」是一種專門用來發現腦部異常的健檢，能夠幫助早期發現蜘蛛膜下腔出血、腦梗塞等腦部疾患。

根據日本厚生勞動省於二〇一二年實施的人口動態統計顯示，腦血管疾患為日本人死亡原因第四名（編按：台灣則為第三名），病發時患者會突然失去意識，可說是相當危險。盡早發現腦部異常，能幫助預防重度的腦部疾患。

在進行腦部健檢時，會先從尿液檢查、身體數值測量、血液檢查、眼底檢查等項目進行，之後再開始心電圖、頸動脈超音波、磁振造影等檢查項目。

血液檢查是為了檢查受檢人的膽固醇、中性脂肪等腦血管的狀態；之所以要進行眼底檢查，則是因為眼底血管與腦部血管相連結。磁振造影（ＭＲＩ）能夠拍出頭部的斷層照片，而磁振血管攝影（ＭＲＩ）則能夠拍出腦血管的立體影像。透過以上檢查，能掌握受檢人是否有腦梗塞、腦動脈瘤等疾病。

此外，由於這些檢查項目會散發強烈磁場，因此裝有**心律調節器**，或是體內有金屬植入物的人不得參加。

普遍而言，四十歲以上者應開始接受腦部健檢，以每年二至三次的頻率接受腦部健檢能幫助早期發現身體異常。隨著診斷儀器的進步，腦部健檢也得以發現因為幾乎沒有自覺症狀，而在過去無法診斷出的「無症狀性腦梗塞」。

雖說如此，也由於現在的診斷儀器過於精密，能發現程度不足為慮的腦部變化，反而造成受檢人過度擔心的情形。在接受腦部健檢之後，醫師會為受檢人進行診斷；幾天後，診斷結果也會以郵寄送達受檢人手中，相信就可以做出更好的判斷。

肥胖 Obesity

體內的脂肪所占比例過高的狀態

Focal Point

ＢＭＩ值是指標

「**肥胖**」普遍指的是身體發胖的情形，醫學上則是指身體蓄積過多脂肪的狀態。人體由水分、醣類、蛋白質、脂肪等物所組成，換句話說，肥胖的意思就是：脂肪所占比例過高。現在，我們會以ＢＭＩ值這個指標來表示肥胖程度。

ＢＭＩ值即為所謂的「身體質量指數（Body Mass Index）」，其計算公式是以體重（公斤）除以身高（公尺）的平方。譬如一位身高一七〇公分，體重六〇公斤的男性，其ＢＭＩ值即為：六〇除以一．七除以一．七，約為二〇．七。

日本肥胖學會將二十二訂為標準ＢＭＩ值，低於十八．五為「體重過輕」；高於十八．五，低於二十五為「體重正常」；高於二十五，低於三十為「肥胖（一度）」；高於三十，低於三十五為「肥胖（二度）」；高於三十五，低於四十為「肥胖（三度）」；高於四十則為「肥胖（四度）」。以此想來，可以發現上述例子中的男性ＢＭＩ值落在「體重正常」的範圍。

除此之外，「體脂率」也是用來測量肥胖度的數值，計算方式為體脂肪量（公斤）除以體重（公斤）乘以一百。普遍而言，男性超過百分之二五，女性超過百分之三十即為肥胖。

飲食過量是造成體內蓄積脂肪的主因。當攝取能量與消耗能量之間出現落差時，脂肪就會逐漸蓄積於體內。下視丘掌管食欲，當其功能出現障礙、或是荷爾蒙分泌異常時都有可能導致肥胖。這稱作續發性肥胖（亦稱症狀性肥胖），指的是由於其他疾病等所引起之肥胖。面對此類肥胖時，先行治好造成肥胖的疾病乃是先決條件。肥胖之所以是個問題，是因為它將引發其他併發症。除了糖尿病、心臟病、血脂異常、高血壓等疾病之外，也有可能引發腦血管障礙、膽結石等，因此請各位務必要多加注意。

另外，有種肥胖叫做「隱性肥胖」，患者的ＢＭＩ值正常，但是卻處於內臟脂肪過多的狀態，這類肥胖同樣可能在之後引發諸般併發症。希望有這類情形的人，可以藉由限制飲食、多加運動等方法，甩去身上過多的脂肪。

幽門螺旋桿菌 Helicobacter Pylori

於胃部黏膜活動旺盛的壞菌

Focal Point

也會造成慢性胃炎與胃癌

「**幽門螺旋桿菌**」是一種生長於胃部黏膜的細菌，乃是造成胃部以及十二指腸等器官生病的原因之一。幽門螺旋桿菌的外型為螺旋狀，約為二至四微米大小。端生四至八根被稱作「鞭毛」的細長尾巴，因其構造而得以於胃部黏膜旺盛活動。

幽門螺旋桿菌的英文學名為「Helicobacter Pylori」，由澳洲醫師貝瑞．馬歇爾（Barry Marshall）與羅賓．華倫（Robin Warren）於一九八二年發現。其實在兩人發現幽門螺旋桿菌的約一世紀前，醫學界亦有論點認為胃部存有螺旋狀的細菌，但是其他人卻認為胃部的強酸環境無法讓細菌生存，因此該論點就被否定了。雖說如此，由於胃部表層黏膜有保護胃部的作用，可防止胃部受到具有強酸性的胃酸傷害，而幽門螺旋桿菌棲息於胃部表層黏膜當中，因此可以持續存活。

至今為止，醫學界尚未查明幽門螺旋桿菌的感染途徑，但是根據貝瑞・馬歇爾的研究結果，已經證明幽門螺旋桿菌是經由口腔進入體內，並造成感染。五歲以下的幼童較容易感染幽門螺旋桿菌，而近年來由雙親傳染給孩子的家庭內感染，則是可能原因。因此，雙親至少應避免有將咀嚼食物餵食給小孩等行為。

當遭到幽門螺旋桿菌感染時，患者容易罹患慢性胃炎、胃癌、胃潰瘍、十二指腸潰瘍等疾病。因為幽門螺旋桿菌所製造出的尿素酶（Urease）與胃裡的尿素產生反應，進而生成氨；而氨會直接對胃部黏膜造成傷害，導致白血球為了攻擊幽門螺旋桿菌而聚集至胃部黏膜，進而產生發炎。

特別是慢性胃炎，其原因乃是長期感染幽門螺旋桿菌。現在醫師會使用抗生素來進行消滅幽門螺旋桿菌的治療。飲酒過量、暴飲暴食、壓力過大也會造成胃炎，但若是長期受胃炎所苦，卻想不到原因時，則有遭到幽門螺旋桿菌感染的疑慮，不妨前往醫院接受檢查。

Pacemaker

心律調節器

竇房結的代理儀器，幫助掌控心臟節拍

Focal Point

分為本體與電極導線

心臟的功能像個幫浦，將血液輸往全身。心臟每分鐘跳動六十至八十次，每天約跳動十萬次以上，藉此將血液輸往全身。位於心臟右心房附近的「竇房結」負責發出電流訊號，藉此令心臟跳動。當竇房結出現障礙時，就無法以正常的節律讓心臟跳動了。

當竇房結本身、或是從竇房結發出的電流訊號（以刺激心臟的傳導途徑）出現障礙時，需要裝上一種名為「**心律調節器**」的精密儀器。其可以分為本體，及一個負責偵測電流訊號，或是傳達電流刺激，名為電極導線的部分所組成。

本體的表面是以鈦製作而成，內部則是可稱得上是頭腦的電腦迴路與負責供電的電池。根據心律調節器的出力不同，電池壽命也會有所差異，但是普遍都能維持約十年的運作，重量則約為二十公克。

電極導線的前端為電極，該部分直接與心臟肌肉接觸，藉此傳出電流刺激。醫師會透過手術，完全將本體與電極導線植入患者體內。

植入心律調節器的手術則有兩種方法，一種是將電極導線經鎖骨下靜脈插入，順著血管進入心腔內，節律器本體則植入在胸部位置（鎖骨下側）；另一種則是直接將電極線縫合固定在心臟表面。後者的本體通常會植入於患者腹部。若是無法將電極導線經鎖骨下靜脈插入心腔時，或是患者為成長期的

心律調節器的構造

於心室植入心律調節器，藉此給予心室刺激，促使其收縮。竇房結被稱作「天然的心律調節器」，此處所傳出的刺激將會傳至心肌，進而令心室收縮。

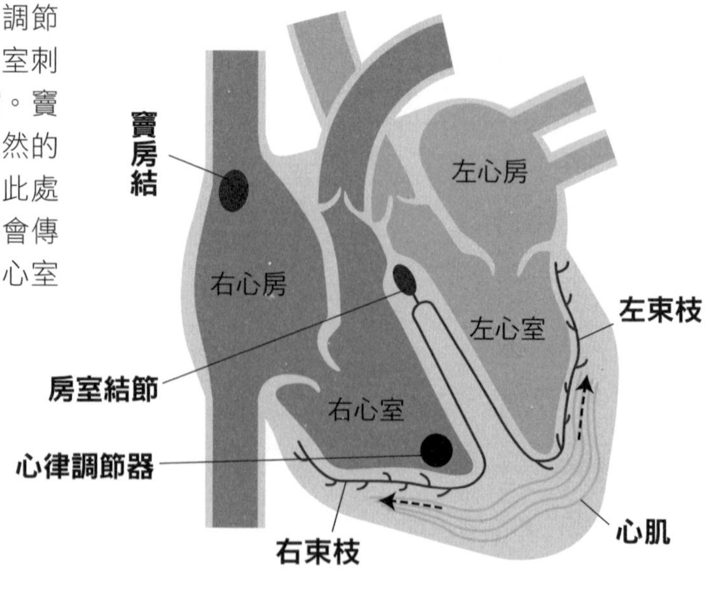

孩童時，即會採用後者的方法。

相信許多患者會於植入心律調節器後感到不安，但心律調節器並不會對患者的日常生活、旅行，乃至於慢跑、打網球、打高爾夫球等運動造成任何阻礙。植入心律調節器反而還能令「徐脈」（亦即心律過緩、心律不整）恢復至接近正常狀態，讓患者得以重新回到正常生活。

不過，因心律調節器屬於精密儀器，有可能受到日常生活中的電磁波影響，造成運作上的異常。影響程度各有不同，因此患者在行動上應遵照醫師之說明。

Metabolic Syndrome

代謝症候群

內臟脂肪型肥胖併發兩種以上的症狀

Focal Point

「代謝症候群」乃是採直譯

最近「**代謝症候群**」這個用語常常出現在電視廣告，乃至於雜誌上，這究竟是什麼樣的疾病呢？代謝症候群是由「Metabolic Syndrome」直譯而成。以普遍的定義而言，代謝症候群指的就是內臟脂肪型肥胖併發兩種以上症狀的狀態。

內臟型肥胖也稱作「蘋果型肥胖」，是腹部內臟有蓄積脂肪的肥胖類型。中年男性，以及停經後的女性常會出現這種上半身大量蓄積脂肪的情形。腹圍（從肚臍為起點量一圈的距離）是判斷是否抱有內臟脂肪型肥胖時的一大重點，男性大於八十五公分，女性大於九十公分者即為內臟脂肪型肥胖。

若是內臟脂肪的量增加，則血液裡的葡萄糖及中性脂肪也會跟著增加，而能夠幫助抑制動脈硬化的脂聯素（Adiponectin）則會減少。如此一來，當事人就容易出現動脈硬化、糖尿病、血脂過高等症狀。為了避免罹患代謝症候群，只能控制飲食量，並減少喝酒、抽菸的機會，同時多加運動，努力維持身體健康了。

但也有論點指出，過度在意肥胖也會造成問題。也就是說，並非瘦子就沒有罹患疾病的危險。過瘦乃是罹患骨質疏鬆症的危險因子，亦有報告顯示，與標準體型的男性相比，纖瘦體型的男性有更高的風險罹患蜘蛛膜下腔出血（資料來源：Jacc Study）。

因此，即便自己的體型落在代謝症候群的範疇內，也沒有必要馬上就變得失魂落魄。只要將這當成是一個重新審視自身健康的契機就好了。

判斷代謝症候群的基準	
腹圍（腰圍尺寸）	男性：大於 85cm 女性：大於 90cm
血液中的脂質	中性脂肪高於 150 mg/dl，或是高密度脂蛋白膽固醇（好膽固醇）低於 40 mg/dl。
血壓	最高血壓（收縮壓）高於 130 mmHg，或是最低血壓（舒張壓）高於 85 mmHg。
血糖值	空腹時的血糖值高於 110 mg/dl。

※ 若是腹圍的項目符合，又與之後任一項目符合者，則可診斷為有罹患代謝症候群的疑慮。

免疫 Immunity

指身體對疾病的防禦反應

Focal Point

「自體免疫」與「獲得性免疫」

人類只要得過一次痲疹之後，就不會再得第二次了。這是因為曾經罹患痲疹的人，其血液中已經產生了幫助抵抗痲疹病毒的抗體——這種系統稱作「**免疫**」。也就是說，免疫是一種身體對疾病的防禦反應，當細菌與病毒等異物（帶有抗原的病原體）進入體內時，各種存在於淋巴液中的免疫細胞便會開始運作，藉此消滅這些異物。

免疫又可分為「自體免疫」與「獲得性免疫」。

自體免疫乃是與生俱來的免疫力，會於病原體侵入體內起就開始與病原體搏鬥。巨噬細胞、嗜中性球等免疫細胞會攻擊病原體，自然殺手細胞則會負責應對遭到病原體感染的細胞。而巨噬細胞的功用也包括將「病原體的類型」告訴助手

T細胞（The T Helper Cells）。

獲得性免疫則是後天得到的免疫力，當殺手T細胞與B細胞接到助手T細胞的指令時，即會開始攻擊病原體。而當B細胞接到助手T細胞的指令時，即會開始製造抗體，該抗體會幫助消滅病原體。除此之外，B細胞具有記住攻擊過哪些病原體的性質，當同樣的病原體再次進入體內時，B細胞就會立刻進入迎敵狀態。以這層意思來說，或許後天性免疫才可說是真正的「免疫力」。

另外，誠如我在本書「過敏」那篇文章（第128頁）所做之說明，免疫系統過度反應的情形稱作**過敏**。如**類風濕性關節炎**、**全身紅斑性狼瘡**等**膠原病**都被稱作「自體免疫疾病」，這些疾病也屬於過敏疾病。

專欄

如何看懂「檢查數值」呢？

定期接受健康檢查相當重要，但是也不用太快對檢查結果感到興高采烈，或者是垂頭喪氣。

健康檢查包含血液檢查、血壓檢查、尿液檢查等項目，醫師會採基準值來判斷這些項目的檢查結果。也就是說，數值落在基準值當中即為正常，數值超出或是低於基準值即為異常。
但是隨著受檢人接受健康檢查時的時間點、前一天的狀態（睡眠、飲食、運動等），身體狀態將會受到影響，因此即便檢查數值落在基準值當中，也不能百分之百代表身體真的沒問題。相反地，即便數值出現異常，也有可能只是受檢人的體質剛好在接受檢查時比較差罷了。

除此之外，基準值也沒有一個固定數值，不同的醫療機構跟分析機構有可能會訂出不同的基準值，因此當檢查結果出來，受檢人可於參考該家醫療機構訂出的基準值之後，再行考量自己的身體狀況。

第三章

那些常常在醫院聽到的詞彙

加護病房

Intensive Care Unit

全天候給予患者密集治療的設施

Focal Point

現在加護病房根據科別分得更細了

加護病房也簡寫為「ＩＣＵ」。普遍而言，加護病房的醫師與護士數量比一般病房要多，並採全天候體制進行管理，力求透過密集治療及照護，藉此幫助患者恢復健康。例如，患者罹患伴隨呼吸困難的肺炎時、急性肝炎轉變成重度肝炎時、手術後須接受高度狀態管理時、於住院中症狀加重至足以危及性命時，皆需要住進加護病房接受治療。

比起治療疾病，加護病房更可說是一種暫時性的醫療設施，只使用於患者在治療過程中陷入危篤情況時。因此當患者的症狀獲得控制後，即會移回一般病房。

原本加護病房並不隸屬特定的科別，而是一個專收重症患者的組織，但是現在根據科別細分的情形也並不罕見。譬如：專治循環器官疾病的冠狀動脈加護病房

（Coronary Care Unit）、呼吸加護病房（Respiratory Care Unit）、腦中風加護病房（Stroke Care Unit）、新生兒加護病房（Neonatal Intensive Care Unit）等。加護病房給予患者優異的急救醫療，但是當患者住進加護病房，則除了住院基本費用之外，尚須每天支付一筆特殊住院費用。

長期於加護病房接受治療將會花費龐大的醫療費用。在日本，患者可以申請高額療養費，超出一定金額的醫療費用可以辦理退費，詳情則可以於醫院窗口詢問（譯註：台灣自二〇一五年一月一日起，每次住院自行部分負擔上限為三萬三千元，全年自行部分負擔上限為五萬六千元，超出部分可持收據至健保局辦理退費）。

亞急性 Subacute

雖說不是急性，但也不能就此安心

Focal Point

介於「急性與慢性之間」

疾病從症狀出現到痊癒為止的期間，大致可以用三個詞彙來表現，亦即急性、亞急性、慢性。相信各位大多聽過急性與慢性吧，譬如急性就有急性酒精中毒、急性胃炎、急性肝炎、急性支氣管炎、急性心臟衰竭、急性白血病等；而慢性則有慢性腎炎、慢性中耳炎、慢性鼻炎、慢性腰痛等。這些症狀的名稱都加有急性與慢性等描述，簡單來說，急性就是「症狀突然出現，病情進展迅速」；而慢性則是「症狀不急，但是難以治癒，期間會拖得很久」。

在急性與慢性之間尚有一個詞彙，名為「**亞急性**」，究竟這個詞彙代表什麼意思呢？

簡單地說，亞急性就是一種「急性與慢性之間的狀態」。普遍而言，慢性病的症狀都會拖到半年以上，以此想來，當疾病帶有亞急性的描述時，症狀則大約會持續一至三個月。

亞急性的疾病包括亞急性感染性心內膜炎、亞急性硬化泛腦炎、亞急性甲狀腺炎、亞急性脊椎退化等。例如三、四十歲的女性容易罹患亞急性甲狀腺炎，不同於其他甲狀腺疾病，患者將會出現疼痛症狀。但是透過使用副腎皮質荷爾蒙則能夠輕易治好，且不易復發，可說是一種只要接受正確治療即可治好的疾病。

雖說如此，亞急性的疾病中，也有需要盡早接受醫師診斷的類型。亞急性肝炎就是其中一種，患者身上不太會出現肝炎的症狀，但是當黃疸、腹水等症狀逐漸出現時，患者將會突然陷入意識模糊。

那些雖說並非急性、但仍叫人難以安心的徵狀，或許就是亞急性的症狀呢。

院內感染

Hospital-Acquired Infection

於醫院內集體感染

Focal Point

前去探病時也須多加留意

有時候我們會在新聞報導上看到有人集體罹患結核病、肝炎、**MRSA（抗藥性黃金葡萄球菌）**、流行性角結膜炎等疾病。當患者像是這樣——集體於醫院內罹患感染症時，即稱作「**院內感染**」。

換言之，院內感染可說是患者在治療某一疾病的過程當中，又再罹患其他感染症的情形。此外，院內的醫師、護士、職員集體罹患感染症的情形，同樣稱作院內感染。由於住院的患者都抱有某些疾病，因此體力與抵抗力皆較弱，此時若是有外來病原體侵入體內，即便那只是種對常人不會產生負面影響的細菌，患者仍有很高的機率遭受感染。

另外，遭受ＭＲＳＡ感染時，更有可能引發敗血症、腦膜炎等重大疾病。常人即便遭受ＭＲＳＡ感染，通常也不會有大礙，但是抵抗力較弱的患者卻相當容易遭受感染。這是一種對抗生素免疫的黃金葡萄球菌，因此醫療機構對此種細菌也十分注意。

為了防止爆發院內感染，醫院將會集合相關人士，組成院內感染管制委員會等團體，但仍難以完全防堵感染發生。因為醫院每天都會有探病者等外來人士頻繁進出；同時，當醫師使用抗生素進行治療時，細菌的類型將會出現變化，可能出現耐性更強的細菌。因此，醫院入口都會設有幫助手部消毒的酒精，而探病者必須嚴格遵守探病時的禮儀，譬如在前去探病時充分洗手，及在體況欠佳時，避免前去探病等。

磁振造影 Magnetic Resonance Imaging

可由任何角度攝影的檢查裝置

Focal Point

用以發現腦梗塞與血管異常等症狀

磁振造影也可簡稱為「MRI」。現在許多醫療機構都設有磁振造影的檢查儀器，各位讀者當中或許也有人接受過磁振造影的檢查呢。

接受檢查時，醫護人員會要求患者平躺於外型酷似甜甜圈的設備機台裡，藉此拍攝出人體縱向、橫向等各個角度的剖面圖。與只能以單一方向拍攝出人體剖面圖的**電腦斷層攝影**（CT）不同。

磁振造影能夠幫助找出腦梗塞、腦腫瘤、血管異常，乃至於脊椎、肌肉、關節等部位的疾患。亦會發出強力的磁場，將人體放入其中時，設備機台將會向人體臟器、組織等傳送信號，再透過電腦處理這些信號，藉此得出影像。

不同於電腦斷層攝影，進行磁振造影會發出較大的聲響，攝影時間也較長（約半小時），檢查費用較為昂貴，這是磁振造影的缺點。由於患者須平躺於甜甜圈狀的設備機台裡，因此並不適合幽閉恐懼症的患者；此外裝有**心律調節器**，或是體內有鐵製等金屬植入物的患者，乃至於有刺青的患者都不能接受磁振造影（刺青的顏色會與磁力產生反應，有造成燙傷的危險）。

但誠如前面所述，磁振造影能夠拍出各個方向的人體剖面圖，也不會像X光攝影術（X-Ray），有暴露在X光下的可能性，即便懷孕中的女性也能夠接受檢查。

各種精密檢查

CT 檢查	電腦斷層攝影。以 X 光照射身體，拍出人體剖面圖。
MRI 檢查	磁振造影。可以從各個角度拍攝腦部、內臟等各個身體部位的剖面圖。不同於電腦斷層攝影，在檢查上沒有使用 X 光，因此無暴露在 X 光下的疑慮。
PET 檢查	正子造影。為患者注射放射藥劑，藉此方便拍出癌細胞。
超音波（回音）檢查	自身體表面向體內發送超音波，當音波衝撞體內組織時，折射而回的聲波（回音）經電腦重組為影像。能夠幫助有效發現肝臟等腹部臟器的癌症病情。
乳房攝影	使用專用儀器夾緊、固定乳房，並照射 X 光。此攝影能夠幫助發現乳癌。

Escherichia Coli O157

O-157 型大腸桿菌

腸道出血性大腸桿菌中的代表性細菌

Focal Point

也會出現伴隨激烈腹痛的腹瀉

在保育院、老人福利設施等機構，每年幾乎都會爆發「**O-157 型大腸桿菌**」的集體感染病情。

究竟什麼是 O-157 型大腸桿菌呢？

大腸桿菌寄宿於人類、家畜的腸道內，幾乎不會對宿主造成傷害。但其中也有一部分被稱作「病原性大腸桿菌」的大腸桿菌，會引發腹瀉等症狀。病原性大腸桿菌分為四種，其中有一種「腸道出血性大腸桿菌」會產生名為**綠猴腎細胞毒素**（Verotoxin）的強力病原性毒素，進而引發痙攣、意識模糊等腦部症狀，乃至於溶血性尿毒症候群（Hemolytic Uremic Syndrome, Hus）等疾病。而 O-157 型大腸桿菌則是腸道出血性大腸桿菌當中的代表性細菌。

O-157 型大腸桿菌寄宿於牛、豬、羊等家畜類的大腸，並經由家畜糞便及遭到其汙染的水源、食物進入人類口中。也就是說，O-157 型大腸桿菌的感染途徑為經口感染，並不會經咳嗽、打噴嚏等造成感染。

O-157 型大腸桿菌的感染力相當強大，只要約一百個左右的 O-157 型大腸桿菌進入人體，就會造成腹瀉、腹痛等症狀。患者在經過四至八天的潛伏期之後，就會出現伴隨有激烈腹痛的水狀腹瀉，隔天更會拉出血便。

此外，患者也有可能出現發燒、嘔吐等症狀；在經過數日至兩週後，更會有全身性倦怠、水腫等症狀。若是病情加劇，也可能出現痙攣、意識模糊等併發症。

食物中毒好發於氣溫較高的初夏至初秋時節，但是 O-157 型大腸桿菌這種細菌的特徵在於感染力相當強，因此即便是不溫暖的季節也有可能感染。將食物與餐具保持在清潔、乾燥、低溫的狀態，避免沾附細菌乃是預防方法之一。持之以恆地注意上述事項，就能夠抑制細菌大量繁殖了。

O-157 型大腸桿菌怕熱，只要以七十五度的高溫加熱達一分鐘，即可消滅 O-157 型大腸桿菌，因此在調理方式上多花點心思也能夠幫助預防感染。

返家後，乃至於上廁所後也別忘記以肥皂充分清潔雙手。出現腹瀉症狀時，如想要透過服藥止瀉，只會造成反效果；此時應盡快就醫，接受醫師診斷。

生活品質
Quality of Life

對患者來說最為適切的選擇

Focal Point

何謂「生活品質高」？

亦可簡稱為「ＱＯＬ」。「生活」一詞帶有廣泛的含意，因此也有人譯為「生活質量」「生活素質」等。假設，有位患者被醫師宣告為癌症末期，而抗癌劑、放射線治療是他可選擇的治療方法；但若是接受這些治療，在所難免地，患者會出現掉髮、難以忍受的肉體痛苦等副作用。

那麼，對患者來說，什麼會是最恰當的選擇呢？有時，選擇不要接受抗癌劑等治療方式，在有限的時間裡，於家中跟深愛的家人多多相處，這麼做或許會比較好也不一定呢。

在醫療行為上，盡可能減輕患者的不快，令患者度過「品質能夠接受」的生活，這種思考方式就是所謂的「ＱＯＬ」了。ＱＯＬ的思考方式不只可使用於患者面臨急性疾病，當患者因為罹患慢性病，或是年齡漸長而受到限制，無法像是過去的自己一般快樂生活時，也可以套入ＱＯＬ的思考方式。

所謂ＱＯＬ，乃是以患者的想法做為優先考量，而非醫師或院方的想法。現在，看護業界也很常會使用「提高患者的ＱＯＬ」「患者的ＱＯＬ較高」等說法。

降血壓劑 Hypotensive Agent

幫助降低血壓，預防心臟病與腦中風

Focal Point 每種藥劑都有其副作用

「**降血壓劑**」係指幫助降血壓的藥劑。降血壓劑是個通稱，其種類各式各樣；鈣離子阻斷劑、血管收縮素受體阻斷劑（ARB）、血管收縮素轉換酵素抑制劑（ACE抑制劑）、降壓利尿劑、乙型交感神經阻斷劑、甲型交感神經阻斷劑合劑（利尿劑＋ARB，鈣離子阻斷劑＋ARB）等藥劑是目前常用的降血壓劑。

其中，又以鈣離子阻斷劑最為常用，服用此藥劑能讓鈣離子進入血管壁中的肌肉（血管平滑肌），進而防止其收縮。血管收縮素受體阻斷劑則是第二常用的降血壓劑，具有抑制血管收縮等，進而降低血壓的效果。

降壓利尿劑則會作用於腎臟，增加患者的尿液量，藉此讓造成血壓上升的鈉、多餘水分等隨著尿液一起排出體外，以達成降壓效果。由於價格不貴，或許在之後會被大量使用於高血壓的治療上。

醫生透過使用降血壓劑來降低患者血壓，藉此達成防範心臟病、腦中風等症狀於未然（或是防止再次發作）的目標。

但是降血壓劑同樣具有副作用。譬如服用鈣離子阻斷劑會導致心悸、頭痛、水腫等；醫師也不可以將血管收縮素受體阻斷劑開給孕婦及哺乳期的患者。ＡＣＥ抑制劑則有造成乾咳的副作用；乙型交感神經阻斷劑會造成咳嗽、氣喘發作，因此罹患有支氣管性氣喘的患者不可使用。

正因如此，雖說降血壓劑能幫助避免因血壓過高而罹患其他疾病，但是在服用前也必須理解，降血壓劑也會造成五花八門的副作用。

電腦斷層攝影
Computerized Tomography

使用X光來拍攝人體截面的裝置

Focal Point 裝有心律調節器的患者也能進行

亦可簡稱為「CT」。通常指的是使用X光進行的X光電腦斷層攝影。X光攝影同樣是使用X光，但在進行X光攝影時，放射師會以檢查部位為中心，廣範圍地照射放射線，因此胸骨、心臟等處將會形成阻礙，導致難以發現較小的患部。

與此不同，電腦斷層攝影可以拍攝人體剖面圖，能夠重點式地拍攝出詳細的影像。電腦斷層影像呈現黑白色，骨骼等部分因為吸收較多X光，所以是白色，而空氣等吸收X光較少的部分則是黑色。電腦就是利用這種差異製造出影像。肌肉與水分等X光吸收量落在上述兩者之間的部分，則會呈現灰色。

因此，電腦斷層攝影能夠有效發現骨骼、肺部方面疾病，乃至於出血性的疾病。具體來說，也就是肺炎、腦溢血、腦腫瘤、腦梗塞等疾病。

在以電腦斷層掃描儀進行檢查時，通常會讓患者躺在檢查台上，並送入甜甜圈型的設備機台當中。不同於磁振造影，電腦斷層攝影花費時間較短，只須五至十五分鐘，發出的聲音也較小，患者也不會感受到閉塞感。除此之外，檢查費用比磁振造影更為經濟實惠。

另外，由於設備機台並未使用磁力，因此心臟裝有心律調節器的患者也能接受檢查。但即便暴露量較少，這仍是種使用X光進行的攝影方法，孕婦須多加注意。

心臟超音波檢查

Echocardiography

以超音波檢查心臟異常的方法

Focal Point

M模式與B模式

「**心臟超音波檢查**」是一種使用高週波數超音波來檢查心臟疾患的方法。藉由向心臟發送超音波，折射而回的聲波（回音）經電腦重組為影像。透過此檢查，能夠確認患者是否有心臟外型異常、心臟瓣膜等心臟各個部位的運作狀況，幫助診斷瓣膜性心臟病、肥厚性心肌症、心肌梗塞、狹心症等疾病。

想透過心臟超音波檢查拍出影像時，又可分為以波形來了解心肌、心臟瓣膜等部位之運動狀態的「M模式」，以及拍出斷層影像的「B模式」。此外，還有一種名為彩色杜卜勒（Color Doppler）的方法，能夠拍攝出心臟中的血液流動，藉此掌握心臟壁是否有破洞、心臟瓣膜是否出現異常等。

在進行檢查時，為了讓超音波容易穿透皮膚，放射師會在患者的胸部塗上凝膠，並將超音波探頭（超音波傳導器）放在肋骨之間。患者雖會感受到些許搔癢，但檢查本身並不會造成不適感與疼痛，因此可以安心接受檢查。

另外，接受心臟超音波檢查，能夠相當程度地掌握心臟方面疾患的病情；若是仍無法充分進行診斷時，醫師則會再採用一種名為「心臟冠狀動脈造影」的檢查方式，了解患者那三條向心臟供給營養的冠狀動脈是否出現異常。

如在上述檢查當中，發現罹患有某些心臟方面的疾患時，則須留意均衡飲食，保持適當體重，避免過度肥胖等，藉此維持身體健康。

透析療法

Dialysis Therapy

使用於腎衰竭末期症狀的治療方法

Focal Point

也可在國外的醫院進行血液透析

腎臟負責過濾血液當中的老廢物質，並製造尿液。其主要功用也包括製造紅血球，以及製造令血壓升降的物質，幫助調整血壓等。但是當腎臟功能因為某些原因而出現障礙——亦即陷入腎衰竭時，原本應該會隨著尿液排出體外的老廢物質將會蓄積於體內，進而導致水腫及高血壓，嚴重時甚至會罹患尿毒症。

此時，就必須採用「**透析療法**」來進行治療。這種療法能夠在患者罹患末期腎衰竭時，代替腎臟起到作用。

所謂透析，是一種使用了擴散（溶液中的溶質由高濃度往低濃度移動，最後呈現相同濃度的現象）和超過濾（將水分自患者血液中移出）等原理的治療方法。

一九七五年時，血液透析開始普及於日本社會，根據日本透析醫學會的調查指出，至二〇一二年十二月，日本接受慢性透析的患者人數達到約三十一萬人。隨著今後邁入超高齡社會的腳步，相信患者人數還會逐年增加。

透析療法又可分為血液透析（Hemodialysis）與腹膜透析（Peritoneal Dialysis）等兩種類型。

血液透析使用了血液透析機（Dialyzer）進行，應用體外循環的方式，暫時將血液抽出體外，去除血液當中的老廢物質及多餘水分，淨化後再流回病患體內。但是為了將血液抽出體外，必須動手術將非慣用手（通常為左手）的靜脈與動脈連接在一起。血液透析每次須花費四至五小時，患者每週則須皆受二至三次的治療。

腹膜透析是在腹腔注入透析溶液，利用體內的腹膜過濾，藉此淨化血液。此時為了讓透析溶液出入，需要動手術在患者腹部植入一條細**導管**（Catheter）。不同於血液透析，腹膜透析對循環器官造成的負擔較輕，但也有容易造成腹膜炎、透析須花費較久時間等缺點。

當患者陷入腎衰竭的狀態時，接受透析療法來管理身體狀況，可說是最好的方法了。現在，也有一些國外的醫院可讓患者接受透析療法，只要事先與醫院接洽好，同樣也能前往國外長期旅行。

心電圖檢查

Electrocardiography

從體表檢查心臟有無異常

Focal Point

在放鬆狀態下接受檢查

位於右心房的竇房結會發出電流訊號，藉此讓心臟肌肉正常運作、跳動。但當心臟出現某些異常時，就會有心跳亂跳的情況。而「**心電圖檢查**」能夠從身體表面掌握該症狀。

普遍而言，心電圖檢查被稱作「十二誘導心電圖」。檢查時，醫護人員會為患者接上十處電極貼片（胸部六處，雙手雙腳四處），並測量出十二種波形。為了獲得能幫助診斷的心電圖，將電極貼片接在正確位置可說是最重要的一件事，要在胸部的哪六處接上電極貼片也有嚴格規範。

在進行心電圖檢查時，會以Ｐ、Ｑ、Ｒ、Ｓ、Ｔ來表現各個波，譬如Ｐ波代表心房興奮，Ｔ波則代表心室興奮之終止狀況。誠如前文，進行心電圖檢查能夠幫助發現心跳異常，可藉此掌握心律不整、狹心症、缺血性疾病等心臟方面疾患。透過心電圖檢查，也能有效幫助發現伴隨高血壓而來的心臟肥大。

檢查時，最為重要的是處於放鬆狀態。若是不小心於檢查中移動手腳或活動肌肉，就會發出電流訊號，進而影響心電圖的波形。

此外，也有可長期監控患者心電圖的「監控型心電圖」；於患者胸部接上電極貼片、測量患者二十四小時之心電圖的「攜帶型心電圖」；使用踩踏腳踏車踏板，或者跑跑步機測量心電圖的「運動負荷心電圖」等。

攜帶型心電圖能夠幫助掌握患者日常生活當中是否有心律不整，以及症狀是否是起因於心臟等。

切片檢查

Biopsy

切下部分患部，使用顯微鏡等器材檢查的方法

Focal Point

幫助確定之後的診斷方針

切片檢查是一種使用手術刀或針狀器具切下患者的部分患部（細胞），並以顯微鏡等儀器檢查的方式。切片檢查也屬於病理組織檢查的一種，在癌症的診斷上特別有效；當醫師透過電腦斷層攝影、磁振造影、超音波等影像檢查，發現有某個疑似罹癌的部位（病變部位）時，就會透過切片檢查來確定該部位是否真的罹癌。

切片檢查也被用來掌握癌症的種類以及惡性的程度。進行切片檢查能夠幫助病變部位的確診。

根據疾病類型不同，進行切片檢查的方法也會有所不同。如前面所述，在檢查癌症時，會切下病變部位的部分組織；在檢查胃癌、大腸癌時，醫師會使用內視

鏡進行；而在檢查膠原症、濕疹等皮膚方面的疾病時，則會切下部分出現症狀的皮膚，用以進行檢查。

此外，皮膚上分布有神經，黏膜表面則無，因此在進行切片檢查時部會產生疼痛。相信許多患者都對「切片」二字抱持著一種伴隨疼痛的恐懼感，但只要事先獲得醫師對於疼痛程度的說明與進行切片檢查後的處理，相信患者的不安就會得到緩解。

切片檢查是幫助確定之後診斷方針的重要檢查，患者提高自己對切片檢查理解也相當重要。

造影劑 Contrast Media

讓X光攝影成像更加鮮明的藥劑

Focal Point

也會產生發疹與休克等副作用

「**造影劑**」，誠如其字面意思，是一種「用來製造影子的藥劑」。X光射線攝影，是一種活用X光會穿透物體的特性，以X光照射人體，藉由不同的穿透程度來拍出影像的方法。底片上會形成色澤濃淡差異，可以看到骨骼、肌肉、內臟等身體部位的形狀，但卻無法拍到身體的所有部位；因此，為了拍出鮮明的內臟組織，會讓患者使用一種名為造影劑的藥劑。

造影劑又分為採靜脈、動脈注射的類型，以及採經口攝取，直接投藥於目標臟器的類型。使用於胃癌X光攝影檢查的**鋇劑**也是一種造影劑。由於X光會直接穿透胃部，因此在攝影前，放射師會先讓患者喝下鋇劑（造影劑），藉此避免X光直接穿透胃部。

除此之外，在檢查胃癌或胃潰瘍時，放射師除了會讓患者喝下鋇劑，也會使用二氧化碳或空氣，令患者的胃部膨脹，讓其他部位在影像當中變得更黑，藉此與呈現白色的鋇劑產生差異，進而做出詳細的診斷。這稱作「雙重造影」。

若是使用電腦斷層攝影、磁振造影等方式進行檢查時，則會於患者的靜脈注射造影劑。電影斷層攝影使用含碘造影劑，而磁振造影則使用含釓顯影劑。之所以會使用這些造影劑，都是考慮到了造影劑與儀器之間的適切性，譬如在後者使用含釓顯影劑，是因為釓會與磁力產生反應。

不過，使用造影劑也會造成副作用，症狀包括發疹、蕁麻疹、休克等。這些副作用大都會於投藥後馬上出現，但也有副作用出現於數小時後，乃至於數天後的案例。

體質決定了使用造影劑是否會產生副作用，因此，若是曾經於使用造影劑後出現副作用的患者，乃至於罹患有支氣管性氣喘、異位性皮膚炎等過敏症狀的患者，在使用造影劑前最好先與醫師討論。

點滴
Intravenous Drip

自皮下血管開始補充水分

Focal Point

不要隨便要求打點滴

「**點滴**」，指的是採皮下輸液的方式，慢慢地讓含有電解質的水分流入皮下血管。有腹瀉、嘔吐等症狀的患者無法經口補充水分，醫學界為了幫助這類患者而發明了點滴。現在，除了上述情形外，也會在溶液量多而難以注射時，或是想要調節滴注量時使用點滴。

在我的患者（特別是年長的患者）當中，有時候會遇到有人以「打點滴很有用」為由，要求我為他們打點滴。但是誠如前面所述，點滴原本是種幫助患者補充水分的行為，因此並不能稱得上是用來攝取營養的主要方法。也就是說，即便打點滴，也不太會有症狀大幅改善的情形。打點滴是為了當患者胃腸道虛弱、一喝水就吐時，幫助身體有效攝取水分。

雖說點滴對身體造成的負面影響較小，但是心臟狀況較差的患者同樣必須避免打點滴。因為打點滴會導致體液量增加，反而對心臟造成負擔。

若是凡事都仰賴打點滴，更會喪失經口攝取營養的樂趣，以及透過咀嚼促進大腦活化的效果，因此我並不建議各位隨意要求打點滴。

內視鏡 Endoscope

前端附有精巧鏡頭的醫療用機械

Focal Point 古希臘羅馬時代就已有內視鏡的原型

曾經，若是早期發現癌症以及息肉等疾病時，醫師就會為患者動開腹手術；但是隨著醫療設備的進步，現在醫師已經可以在不切開腹部的前提下切除患部了。使用的就是「**內視鏡**」這種設備。

內視鏡是一條前端裝有鏡頭的管子，醫師會將它伸入患者體內，藉此觀察患部，或是進行切除治療。內視鏡多被使用於檢查消化道與氣管等部位時，可將其細分為：用來檢查食道、胃部、十二指腸的「上消化道內視鏡」，以及用來檢查直腸、結腸的「下消化道內視鏡」。

內視鏡的前端裝有使用精妙的電荷耦合元件（Charge-Coupled Device，CCD）的攝影鏡頭，拍攝到的影像將會被轉換為電流訊號，播放於監視器上，藉此讓患者清楚掌握體內狀況。

二〇〇二年十一月，高畫質內視鏡系統問世，自此之後，內視鏡設備的層次攀向另一高峰。由於畫質清晰，因此相較於過去，醫師能夠更加滴水不漏地發現每個微小病變。若是想要檢查小腸等較難檢查的器官時，則可以使用膠囊內視鏡，設備將會於體內向外傳送影像，藉此完成檢查。

考古學家曾於古希臘羅馬時代留下的遺跡當中，發現了做為內視鏡原型的醫療儀器，這不禁令我感慨萬千，人類終於在時隔兩千年後，達成了「以儀器觀察人體體內」的理想了。

透過內視鏡檢查，能夠掌握患者是否罹患了胃癌、胃潰瘍、大腸癌、大腸息肉、十二指腸潰瘍、胃炎、食道癌等疾病。另外，做胃鏡檢查時，患者須於檢查當天接受喉嚨及鼻腔的局部麻醉；若對麻醉劑過敏者，最好事先至醫院確認。

尿液檢查

Urinalysis

尿液很重要，有人說「尿液乃是診斷的大門」

Focal Point

為何只收集中間部分的尿液？

「**尿液檢查**」，這是一個自小就貼近我們生活的檢查項目。健康者的尿液成分幾乎都保持在一定狀態，但若是罹患疾病，會無法排出原本該隨著尿液一起排出的成分，或是排出在健康時不該隨著尿液一起排出的成分。也就是說，透過檢測尿液成分的變化，就能夠掌握受檢人當下的身體狀態。

收集尿液時，受檢人須將尿液尿在杯子裡，此時須注意捨棄一開始與最後的尿液不用，只收集中間部分的尿液。在醫學用語上，一開始的尿液稱作「初尿」，中間部分的尿液稱作「中間尿」，最後的尿液稱作「終末尿」。之所以只使用中間尿來進行檢查，是因為中間尿當中不含雜菌的可能性最高。

例如男性的尿液當中可能混入精子，女性的尿液當中則可能混入陰毛或是衛生紙碎片，這樣可就無法精確地進行檢查了。此外，若是以杯子收集尿液時，不小心將手指插入杯中，手指帶有的雜菌將會混入尿液裡，這同樣也是導致檢查結果失準的要因之一。因此在進行尿液檢查時，需要避免尿液中混入絲毫異物。

透過尿液檢查，能夠掌握受檢人是否有尿蛋白、尿糖、尿潛血、尿沉渣等異常。尿蛋白的檢查是以掌握腎臟功能為目的，若是受檢人的尿液當中含有大量蛋白，則有罹患腎臟炎、膀胱炎、尿道感染、腎病症候群等疾病的疑慮。若是尿糖為陽性，則有罹患糖尿病及腎性糖尿、**庫興氏症候群**（副腎皮質分泌過多皮質醇所造成的疾病）等疾病的可能性，需要進一步接受尿液檢查以外的綜合檢查。尿潛血反應則代表有尿道異常的疑慮，受檢人除了可能患有急性腎炎與腎臟癌外，亦有罹患尿道結石或是攝護腺炎的可能性。

若是尿蛋白和尿糖等項目的檢查結果為陽性，則會再進行尿沉渣檢查，此處的「沉渣」指的是固態物。醫護人員會以遠心分離機取出此固態物，並檢查其成分。若是其中含有過剩的紅血球、白血球、尿酸鹽等成分時，即可能表示身體異常，須進一步接受詳細檢查。

有人說「尿液乃是診斷的大門」，尿液檢查從前以來就相當重要，可說是一種發現人類體內有何變化的重要方法。

腦波 Brain Wave

記錄腦部神經細胞產生的電位變化

Focal Point 幫助檢查是否有癲癇、腦腫瘤、腦中風

腦部約有一百四十億個**神經細胞**，而這些神經細胞會產生微弱的電位，藉此相互傳遞信號。神經細胞上長有許多突起，兩者合稱「**神經元**」。神經元相互組成複雜的網路，以進行運動與智能活動。例如，當上運動神經元發出「活動手指」的指令時，該指令傳送至位於脊椎的下運動神經元，當事人就會出現肌肉收縮，活動手指的反應。因此，當腦部的神經細胞出現異常時，身體就會出現無法自由活動，手腳麻痺等情形。

「**腦波**」，指的是記錄下腦部產生的微弱電位，並增幅成波形呈現。在進行腦波檢查時，會在受檢人的頭皮接上電極貼片，藉此記錄腦部產生的微弱電位。而腦波儀則能夠將神經細胞所發出的電位增幅至一百萬倍，以轉換成我們能夠看到的數值。

神經細胞的構造

當軸突將細胞本體的刺激傳至突觸時，突觸就會根據該刺激釋放神經傳導物質，而該物質則會作用於下一個神經細胞。神經細胞由細胞本體、軸突、樹突形成，也稱作「神經元（神經單位）」。

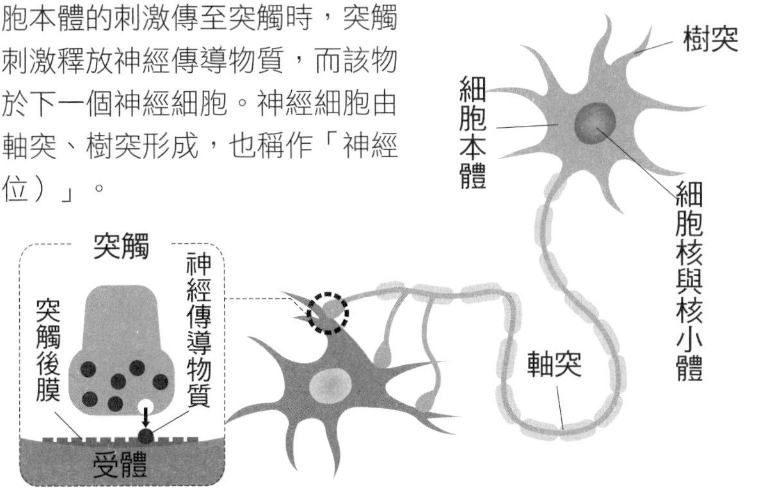

腦波檢查時，總共會為受檢人接上二十四個電極貼片——頭皮上二十個，再加上雙耳耳後兩個，雙手手背兩個。以膠帶固定後，即可開始進行。記錄腦波約需花費三十至四十分鐘，整套作業則約需花費四十五分鐘至一小時。由於是使用圓盤狀電極，因此受檢人不會感到疼痛。

仰躺於床上，閉眼保持清醒的狀態，此乃成年人正常腦波的基本模式。此時產生的主要都是出現於放鬆狀態的α波，以及振幅較前者大的β波。除了記錄受檢人安靜的腦波，醫護人員也會要求受檢人開闔雙眼，或是於距離受檢人十五至三十公分處重複打開、關閉光源，藉此調查受檢人的腦波變化。

最初，腦波檢查是用來檢測受檢人是否罹患癲癇，之後也被用來對腦腫瘤、腦中風、頭部外傷等進行精密檢查。時至今日，檢測是否罹患癲癇時，仍多是用腦波檢查；誠如前面所述，透過給予受檢人的腦部刺激，並調查所產生的變化，能夠做為判別受檢人是否罹患癲癇的資料。

尖峰吐氣流量計

Peak Flow Meter

測量尖峰吐氣流量的氣喘用器械

Focal Point

如果顯示為「紅區」的話

氣喘是一種「支氣管等空氣通道因發炎等原因，而變得窄小」的疾病。在清晨或是半夜時，患者邊呼吸會邊發出像吹笛般的喘鳴聲，或是出現劇烈咳嗽等症狀。光是看到氣喘患者病發時的情況，就令人感到心疼不已。

而「**尖峰吐氣流量**」則可以幫助掌握患者氣喘的狀態。尖峰吐氣流量是在用力吐氣時，測量氣體流動的速度。當患者因為氣喘發作而造成支氣管等空氣通道變窄，尖峰吐氣流量就會比標準值低。

也就是說，透過調查該數值，即可掌握氣喘症狀目前處於何種狀態。氣喘患者可以使用一種名為「**尖峰吐氣流量計**」的儀器，輕鬆地測量。

尖峰吐氣流量計的類型五花八門，雖說這是種簡單的儀器，但是其中也有長得

氣喘發作的構造

身體對外界刺激產生反應，導致支氣管變窄，空氣無法順暢通過，此狀態稱作氣喘。

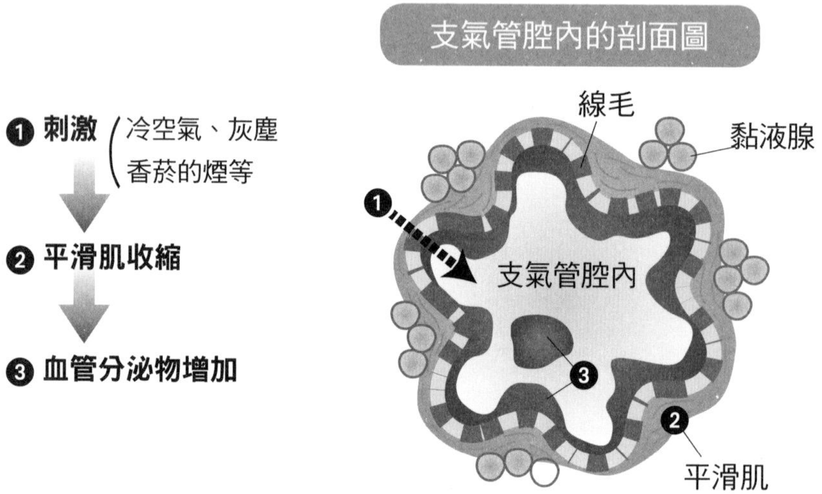

像是個大針筒的類型。患者用力吸飽空氣後，盡可能一次就將空氣給吐出來。在連吐三次氣後，取最大值記錄下來。患者須每天早晚各記錄一次，每次連吐三次氣。

除了尖峰吐氣流量之外，患者也須一併記錄當天氣候、用藥狀況、氣喘是否發作、睡眠時間等項目。由於氣喘發作與當天天氣以及氣溫也息息相關，因此記錄這些周邊狀況亦相當重要。每天記錄尖峰吐氣流量，就能夠預測是否有氣喘發作的危險了。

誠如前面所述，當氣喘症狀嚴重時，空氣會無法順暢通過，導致尖峰吐氣流量變低。假設基準值為百分之百，數值落在百分之八十至一百則為綠區（安全），落在五十至八十則為黃區（需注意），低於五十時則為紅區（警戒、危險）。當數值進入紅區時，患者隨時都有可能出現嚴重的氣喘發作，因此需要多加注意。

每天記錄尖峰吐氣流量，即可做好氣喘管理。

腹腔鏡手術

Laparoscopic Operation

於腹部開小孔進行的手術

Focal Point

比較優缺點

腹腔鏡是一種用來檢查腹部內（腹腔）狀態的內視鏡，而使用腹腔鏡進行的手術則稱作「**腹腔鏡手術**」，醫師會在患者的腹部開出四至五處、直徑五釐米至一公分的小洞，並放入攝影機、鉗子（一種外型酷似剪刀的金屬製醫療儀器）等，再就著監視器的畫面進行手術。由於可以將監視器的畫面放大顯示，因此所有參與手術的醫師都可以共享該影像。

為了確保手術用的空間，醫師會先於患者腹部注入二氧化碳（氣腹法），或是將腹部吊起（腹壁懸吊法）後，再開始進行手術。顯而易見地，相較於開腹手術，腹腔鏡手術對身體造成的負擔較小，這是腹腔鏡手術的一大優點；如此一來，手術傷口較小，患者術後的疼痛也較少，恢復也變得更快了。

由於腹部沒有暴露在空氣中，因此術後腸道會較快恢復正常運作，患者能夠早點開始用餐，這也是選擇動腹腔鏡手術的理由之一。此外，手術傷口小也較不會影響外觀，亦是腹腔鏡手術的優點。

原本腹腔鏡手術是專門用來切除膽囊，日本於一九九〇年開始進行腹腔鏡手術，而隨著技術進步，也能夠透過腹腔鏡手術切除胃部及大腸了。時至今日，腹腔鏡手術已可說是一種標準手術。

現在，腹腔鏡手術已被應用在消化外科，乃至於呼吸外科、婦產科、泌尿科、整形外科等各個科別的手術上。雖說如此，進行腹腔鏡手術的醫師仍須具備高超技術，因為手術時間會拖得比開腹手術還來得長，且視野較為狹窄，衍生出即便在手術中造成其他組織受傷，醫師也容易漏看的缺點。若是患者於手術過程中出現大出血的情形，醫師也有可能改進行開腹手術。

在選擇要動哪種手術時，患者可以先自行將術後外觀比較好看等優點，與前面所述的缺點加以比較，並於與醫師充分討論後再選擇。

正子造影

Positron Emission Tomography

利用癌細胞性質的癌症檢查方法

Focal Point 正子造影並非萬能

正子造影也可以簡稱為「ＰＥＴ檢查」，能夠用來檢查癌症。

在進行正子造影時，會從受檢人的靜脈注入化學性質（類似葡萄糖）的放射藥劑（ＦＤＧ等），癌細胞會因為代謝旺盛而變得比正常細胞明顯，此時透過專用的裝置拍攝，即可發現癌細胞。

正子造影是利用攝取葡萄糖達正常細胞三至八倍的特性，藉此找出癌細胞。在接受Ｘ光攝影、電腦斷層攝影、磁振造影等傳統檢查之餘，平行接受正子造影，能夠更為精確地發現癌細胞。

不過，正子造影也有缺點。普遍而言，正子造影能夠幫助早期發現癌症，但像是胃癌、腎臟癌、膀胱癌等類型的癌症，癌細胞並不會攝取葡萄糖；而即便像是甲狀腺癌及肺癌等較容易透過正子造影發現的癌症，也並非全部都能夠找到。

在進行正子造影之前，患者要先理解正子造影並非萬能的這件事情。因此在進行正子造影時，醫護人員除了會從受檢人的靜脈注入ＦＤＧ，並以正子掃描儀拍攝影像之外，同時做電腦斷層攝影、磁振造影、超音波、抽血等檢查項目的情形也並不少見。而正子造影只是幫助早期發現癌症的方法之一罷了。

現在醫學界也開發出了一種名稱為正子電腦斷層造影（Positron Emission Tomography，簡稱ＰＥＴ／ＣＴ）的檢查裝置，能夠同時做正子造影與電腦斷層攝影，並已實際投入使用。此種檢查裝置能夠更為精確地檢查出癌症。

乳房攝影 Mammography

幫助早期發現乳癌的X光裝置

Focal Point

懷孕前後的女性需要特別注意

「**乳房攝影**」即乳房X光檢查，能夠幫助早期發現乳癌，現已被廣泛使用於婦科檢查上。曾經，醫學界只使用視診與觸診來檢查乳癌，但在發現這樣並不足夠之後，就導入了乳房攝影。

在進行檢查時，會使用專用裝置，並透過拍出的影像來判斷病情。普遍而言，X光檢查雖然能清楚地拍出骨骼和肌肉等組織，但是卻難以拍出軟組織。在進行乳房攝影時，使用的是低劑量的X光，因此能夠拍出乳房內部的情形。

檢查方法：為了拍攝出單邊乳房的整體狀態，放射師會從上下、左右等兩個方向進行拍攝。放射師必須以壓迫板夾住受檢人的乳房，因此會產生些許疼痛。雖說如此，將乳房壓扁才能夠更為清晰地拍攝出細微的病變。由於在拍攝時需要壓迫乳房，因此，或許選擇在沒有脹奶的時期接受檢查，能稍微減輕疼痛。

透過乳房攝影，能夠幫助發現僅憑視診與觸診難以察覺的微小硬塊與腫瘤。

進行檢查時，若是乳房出現病變，則該部分會呈現濃白色。而有大量白點集中的區塊，則是代表腫瘤已經處於石灰化的狀態。此外，即便使用乳房攝影，也不代表能夠完全找出所有病變，因此醫師除了會於事前進行視診與觸診，也會一併檢查受檢人的乳頭分泌物等，藉此做出綜合性的診斷。

當公司或地方政府舉辦身體檢查時，女性可帶著輕鬆的心態前去接受乳房攝影，但由於會使用到X光，因此最好以每一至兩年一次的頻率，來接受乳房檢查。孕婦或可能懷孕的女性在接受乳房攝影時，則須多加注意。

良性、惡性

Benign & Malignant

治療困難與否的差別

Focal Point

良性也有可能變化成惡性

假設有位醫師說：「我在你體內發現了腫瘤，但那是良性腫瘤，所以不用太擔心」。那麼，你們可知道，此時的「良性」代表著什麼意思呢？普遍而言，當醫師使用**良性**這個詞彙時，就代表該腫瘤在現階段還不會對生命造成危害。

誠如前面所述，腫瘤當中也有所謂的「良性腫瘤」。良性腫瘤指的是破壞周遭細胞，並大量繁殖的速度較慢、且轉移可能性較低的腫瘤。以這層意思來說，即便是被醫師告知罹患良性腫瘤，之後的治療也並不困難，馬上危及性命的可能性也較低。

另一方面，「**惡性**」則是良性的相反詞。

除了惡性腫瘤之外，惡性淋巴瘤、惡性症候群、惡性高血壓等病名也帶有惡性二字。如此想來，在醫學上，惡性這個詞彙代表的就是那些難以治癒，性質惡劣的疾病。

癌症是惡性腫瘤的代表，不同於良性腫瘤，癌細胞會無限制地大量繁殖，接連破壞周遭的正常細胞。除此之外，癌細胞也會轉移到其他臟器，進而對性命造成危害。

但即便是帶有良性二字的症狀，也不一定就能順利治癒。有時候隨著時間經過，良性也會轉變為惡性呢。資料顯示，長在皮膚、大腸、骨骼等處的良性腫瘤，之後轉變為惡性腫瘤的情形也並不少見。

專欄

什麼是「第二意見」呢？

「**第二意見**」是「Second Opinion」的直譯，也就是說，在接受治療或檢查時，除了主治醫師的意見之外，患者或家屬可再徵詢其他醫師的意見，再決定之後的診療方針。

自九〇年代起，日本開始有醫院與診所提供第二意見的服務，甚至現在也有醫院提供付費的外來第二意見服務。患者常會在對主治醫師提出的治療方針感到困惑時，或是主治醫師一次提出數種治療方針，以致患者難以取捨時，向其他醫師徵詢第二意見。除此之外，試圖尋求更好治療方法的患者，也會選擇徵詢第二意見（編按：台灣也有少部分醫院針對重大疾病開設第二意見的特別門診）。

第二意見具有再次確認現行治療方針的優點，但也有患者因為得到與主治醫師恰恰相反的意見，或是對方拋出一大堆專業術語，反而被弄得一頭霧水的案例。在徵詢第二意見時的重點在於：事先想好自己的詢問重點，並在將所獲得的第二意見回饋給主治醫師。

第四章

這些到底是什麼藥？

Pharmaceutical

醫藥品

「醫療用醫藥品」及「一般用醫藥品」

Focal Point

雖說能夠在藥局輕易買到

用以管制藥物的法律稱作「藥事法」，而根據日本藥事法第二條之規定，「**醫藥品**」的定義如下：

一、收錄於日本藥局方者

二、使用於人或動物之疾病的診斷、治療或預防為目的，非機械器具（包括齒科材料、醫療用品及衛生用品）者（醫藥部外品除外）

三、影響人或動物之身體的構造或機能為目的，非機械器具者（醫療部外品及化妝品除外）

由於藥物是人造的化學物質，因此對人體基本上都屬毒素。政府於是編寫藥事法，藉此守護人民的健康。在日本，醫藥品可分為「醫療用醫藥品」及「一般用醫藥品」（譯註：類似台灣的處方藥與非處方藥）。

原則上，醫療用醫藥品是須由醫師處方之藥物，非經醫師處方，不得調劑供應。也就是說，醫療用醫藥品的藥效雖強，但副作用也不小。

而一般用醫藥品則是可自行於藥局與藥店購得的藥物，也稱作非「OTC藥」，亦即可以直接在藥局櫃台購得的藥物之英文簡寫（Over-The-Counter Drug）；亦可分為第一類醫藥品、第二類醫藥品、第三類醫藥品（譯註：類似台灣的指示藥、甲類成藥、乙類成藥）。

第一類醫藥品所具危險性較高，因此在購入時需要獲得藥劑師的指示。第二類醫藥品、第三類醫藥品所具危險性相對較低，因此只須獲得藥劑師或是登錄販賣者（通過日本都道府縣實施之考試，並登錄在冊的專家）的指示，即可購買。

最近，市面上也開始能買到含有**H2受體拮抗劑**、Ibuprofen、Indometacin、Loxonin等成分的藥物，這些藥物因為危險性較高，因此被歸類為第一類醫藥品（譯註：此為日本情況，如H2受體拮抗劑在台灣尚為醫師處方用藥）。現在，已來到一個即便不去看醫師，也可以買到高效藥物的時代，但若在使用上沒有遵守用法與用量，就會對身體造成反效果。希望各位在服用藥物時，能夠確實遵守醫師與藥劑師的指示。

艾瑞莎 Iressa

攻擊刺激肺癌細胞增生的上皮生長因子受體

Focal Point 說「副作用比較少」都是騙人的

「**艾瑞莎**」是英國阿斯利康藥廠開發出的肺癌抗癌劑，為口服藥。艾瑞莎的學名為gefitinib，在引進時盛傳艾瑞莎對八成的肺癌類型有效，因此在申請經過五個月之後，就以相當罕見的速度於二〇〇二年七月通過，得以引進日本，也是全世界首個引進艾瑞莎的國家。

當時醫學界認為艾瑞莎的副作用較少，於是在發售後五個月內就估計有約兩萬人次服用，導致約兩百人因為**間質性肺炎**等服藥副作用而喪命。

除此之外，根據日本《朝日新聞》於二〇一三年四月三日的報導，指出自藥物上市至二〇一二年末為止，已有八百六十二人因而喪命。這可說是服用艾瑞莎所造成的藥害事件。

普遍而言，抗癌劑會均勻對全身發揮效果，但是艾瑞莎卻是被開發來治療肺癌當中的非小細胞肺癌。艾瑞莎並不會直接攻擊癌細胞，而是會作用於在癌細胞增生時，負責傳遞信號的上皮生長因子受體（ＥＧＦＲ），藉此抑制癌細胞增生。

但據傳，艾瑞莎在上市前就有發生一些問題。在獲得藥證之前，甚至曾在動物實驗與國內外的臨床試驗中出現死亡案例，可是藥廠卻以與藥物本身無因果關係為由，將消息給壓了下來，並未對外公開。而當時壓下消息的惡果，就是造成在發售後使患者死亡。

美國於二〇〇五年起禁止醫師開艾瑞莎給新罹患肺癌的患者服用；而歐洲則禁止醫師開艾瑞莎給上皮生長因子受體沒有突變的患者。

日本在這方面的應對較為緩慢，直到二〇一一年十月才終於修法通過，規定只有上皮生長因子受體突變檢測呈陽性的患者，可以服用艾瑞莎進行治療（無法接受手術治療者，或是於接受其他治療後，癌症復發者亦有服用艾瑞莎的案例）。事先與醫師充分討論，這是服用艾瑞莎的先決條件（編按：台灣則於二〇〇三年引進艾瑞莎，是全球第四個上市國家。目前並未特別對此藥品使用做出限制）。

胰島素

Insulin

體內唯一能幫助降血糖的荷爾蒙

Focal Point

胰島素治療在現階段只能採注射方式

「**胰島素**」是一種由胰臟分泌的體內荷爾蒙，胰臟當中有個名為**胰島**的組織，當中的β細胞能夠分泌胰島素。

人體內有著數種掌管血糖值上升的荷爾蒙，但是幾乎只有胰島素能夠令血糖值下降。胰島素的地位就是如此重要。

當我們用餐後，體內的血糖值會上升，此時胰臟內的β細胞就會迅速捕捉到該資訊，開始促進胰島素的分泌。而當血糖值下降時，胰島素的分泌量也會受到抑制，恢復到正常數值。健康的身體會反覆進行上述循環。

但是當胰島素分泌不足，或是作用效率降低時，就無法順利地將血液中的葡萄糖運送至肌肉及內臟中，導致血糖值上升。由於無法順利運送葡萄糖，能量也會不足，以致出現身體倦怠等症狀。

如上所言，當人體因為缺乏胰島素而導致血糖值上升時，就會逐漸轉移成糖尿病。

雖然說可以進行胰島素治療，但是卻無法強制以口服方式攝取胰島素，只能採用注射的方式。對於胰島素注射治療一事，存在著許多誤解，譬如：只要開始使用胰島素來治療糖尿病，就必須持續一輩子、注射胰島素是治療糖尿病的最後手段、患者會被注射胰島素給綁住，因此打亂生活型態等。

這些因刻板印象所產生的想法，全都可稱得上是誤解，即便開始使用胰島素來進行治療，只要症狀出現改善，就可以改以別種口服藥劑進行治療，且醫師也會根據患者病情進展程度，決定是否須使用胰島素注射治療。

除此之外，不少患者都討厭注射，但胰島素治療目前只能夠採注射方式，因此為了避免隨著糖尿病病情加劇，出現失明等併發症，患者有必要盡早開始接受胰島素治療。

H2 Antagonist

H2受體拮抗劑

強效抑制胃酸分泌的藥物

Focal Point

若是透過藥物抑制胃酸作用

「**H2受體拮抗劑**」是一種強效抑制胃酸分泌的藥物，在胃潰瘍以及十二指腸潰瘍的治療上起到優異效果。日本近年來，常可在電視廣告與藥局看到H2受體拮抗劑的蹤影，可說是一種日本人相當熟悉的藥物。

日本於一九八一年開始使用H2受體拮抗劑，做為用來治療胃潰瘍的藥物，當時H2受體拮抗劑是屬於需要醫師處方才可購買的醫療用醫藥品，而自一九九七年開始，H2受體拮抗劑則成為被放在藥局販賣的市售藥物，日本人普遍都知道它的存在（譯註：H2受體拮抗劑在台灣尚屬於醫師處方用藥，除非持醫師處方，否則無法自行至藥局購買）。

而胃部的運作到底又是怎麼一回事呢？

何謂胃部的蠕動？

❶當食物進入胃部，並消化至一定程度後，胃部的上半部大彎到幽門將會出現蠕動。

❷幽門括約肌開啟，讓消化至一定程度的胃部內容物送往十二指腸。

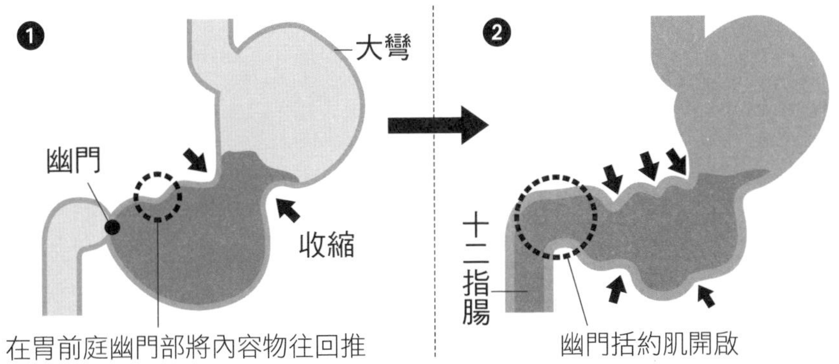

當胃部健康時，會均衡地進行「胃酸分泌」「黏液分泌」「蠕動」等工作。當食物等進入胃部時，胃部就會分泌胃酸來消化它們。而胃黏膜也會分泌黏液，以防止胃酸對胃部造成傷害。

胃部黏膜中存在有胃腺，胃腺每天都會分泌約一．五公升的胃液，只要胃裡還有食物，胃腺就會持續分泌胃液藉以消化食物。當胃部將胃液與食物相互混和，處理至容易消化的狀態時，就會再將食物送往下一個消化器官——十二指腸，這就被稱作蠕動。

當胃部因為某些原因而失去

健康時，胃酸與黏液的平衡就會跟著失調，導致胃部無法順暢蠕動。胃部分泌過多胃酸的狀態稱作「胃酸過多」，胃酸將會一併攻擊胃黏膜，進而引發胃潰瘍或是**逆流性食道炎**。此時就要使用H2受體拮抗劑來抑制胃酸分泌。

但在服用H2受體拮抗劑時仍需多加注意，其實除了食物之外，當細菌等異物侵入胃部時，胃酸也能夠起到防禦作用；因此，若是抑制胃酸分泌，就有可能導致胃部細菌量增加。再者，當高齡者或腎臟功能較差者隨意服用H2受體拮抗劑，更有可能因為藥效過強而引發**譫妄**（一種類似失智症的意識障礙）。

在服用H2受體拮抗劑時，需充分閱讀說明書，並接受醫師、藥師諮詢。

解熱劑 Antipyretic

讓身體冷卻、平靜下來

Focal Point 即便發高燒也不該任意服用

「**解熱劑**」是一種幫助退燒的藥物。雖說體溫存在有個人差異，不能概括而論；但是普遍來說，體溫接近攝氏三十八度為微燒，高於攝氏三十八度為高燒。以此為基準，使用解熱劑的指標通常都是攝氏三十八度。

但是即便患者發高燒，也不應該隨意服用解熱劑。

之所以會這麼說，是因為當細菌、病毒等異物侵入體內時，身體會透過發燒狀態，藉此防止疾病對身體造成危害。也可以說，此時身體藉由發燒來消滅細菌、病毒等異物。

因此，一旦身體發燒就貿然服用解熱劑，反而會幫助細菌及病毒活化，進而較慢痊癒。醫學界已經透過動物實驗確認這件事情；也有報告指出，若是在高燒時使用解熱劑，則會導致存在於腦部與淋巴結中的病毒異常活化。

即便高燒達攝氏三十八度以上，只要意識尚未出現異常，頭痛、惡寒、顫抖等症狀也相當輕微時，於家中靜養，並視情況決定後續處理會比較好。也可使用冰枕等物幫助退燒，並頻繁攝取水分，防止出現脫水症狀。

或許只有在高燒不退，以致身體痛苦不已、徹夜難眠時，再服用解熱劑為佳。

乙醯氨酚（Acetaminophen）則是一種常被使用於市售藥物與醫療用藥物中的成分，當身體因上述症狀而倍感煎熬時，即可服用添加有乙醯氨酚的解熱劑。但是當發燒已持續好一陣子，則不受上述限制，應盡快接受醫師診斷。

抗生素 Antibiotics

只對細菌有效的化學物質

Focal Point

青黴素的發現

「**抗生素**」是一種幫助消滅細菌的化學物質，使用抗生素製成的藥物則稱作「抗生素藥物」及「抗菌劑」。抗生素被使用於細菌性感染症的治療上。

抗生素能夠對細菌發揮威力，但是對不具備細胞的病毒則沒有任何效果。因此抗生素對感冒、痲疹等病毒所造成的疾病無效。從前的醫師抱持著「姑且試試」的心態，開立抗生素給患者的案例不在少數，這是錯誤的做法，許多患者更因此養成隨意要求醫師開立抗生素的壞習慣。

青黴素（Penicillin，亦稱盤尼西林）是最為有名的抗生素。英國細菌學家亞歷山大·弗萊明（Alexander Fleming）在一九二八年發現了青黴素，契機乃是他發現了青黴所分泌的黴汁具有殺菌作用。

青黴素幫助了許多於第二次世界大戰當中受傷、患病的士兵，這也讓弗萊明與另外兩名研究成員共同獲得一九四五年的諾貝爾生理醫學獎。之後，醫學界也陸續開發出鏈黴素（Streptomycin）、四環黴素（Rtetracycline）、頭孢菌素（Cephalosporin）等抗生素，其中鏈黴素對結核菌有良好療效。

曾經，人們認為透過抗生素的開發，或許能夠達成「消滅感染症」這個人類長年抱持的夢想。但隨著抗生素大量使用，也導致出現了對抗生素具有耐性的嶄新細菌。

抗藥性黃金葡萄球菌（MRSA）是近年造成院內感染的主因，過去甲氧苯青黴素（Methicillin）這種抗生素對黃金葡萄球菌造成的感染症能夠起到良好療效；而當黃金葡萄球菌對甲氧苯青黴素產生耐性時，就會對因為生病等原因而缺乏抵抗力的人造成極大危險。

隨意攝取抗生素，這將會連帶導致自身抵抗力下降。因此希望各位在使用抗生素時，可以接受醫師診斷，並獲得醫師開立的適當處方。

學名藥
Generic Medicine

後生產的醫藥品，與新藥成分幾乎相同

Focal Point

「學名藥」的意思是？

一款新藥的開發，需要動輒挹注數十億乃至數百億為單位的巨額開發費用，以及十到三十年的漫長歲月。最初被開發出來的藥物稱作「新藥」（New Drug）。如前所言，新藥的開發需要挹注大量資金和時間，因此在成功開發出一款新藥後，藥廠將能夠獨享二十至二十五年的專利權，只有該家藥廠能夠製造、販售該款新藥。

但是不管是在哪個分野，專利權總有一天會到期。在專利權到期之後，其他家藥廠就能夠開發與該款新藥幾乎相同成分的藥物，亦即「**學名藥**」。近年我們常有機會在電視廣告或藥局聽到學名藥這個詞彙，相信各位也有不少人聽過吧。

除了商品名之外，醫藥品也具有用來標示有效成分的學名（Generic Name）。

學名是登記於ＷＨＯ世界衛生組織的世界共通名稱，學名藥的「學名」二字，與此處所稱的學名意思相同。此外，根據製造過程的先後，也可以將新藥稱作「先發醫藥品」，將學名藥稱作「後發醫藥品」（譯註：為日本特殊說法，台灣則無此說法）。由於只有在新藥的專利權到期之後，其他藥廠才能夠製造、販售學名藥，所以並非所有藥物都存在有學名藥。

學名藥的特徵在於：價格比新藥經濟實惠，且因問世較晚，在外型、口味、服用感受等方面可做出改良等優勢。不過，患者會選擇服用學名藥，最大理由果然還是出在價格較低吧。

日本正面臨超高齡社會，龐大的醫療費用乃是壓迫國家財政的一大原因。人們期待透過讓學名藥更加普及，藉此減輕患者本身的負擔，並抑制日本整體的醫療費用支出（譯註：台灣亦有透過學名藥的普及，藉此降低健保支出的論點）。

止瀉劑 Obstipantia

治療拉肚子的藥物

Focal Point 適合服用止瀉藥的情形

「**止瀉劑**」是一種用來幫助讓腹瀉症狀停止的藥物。也就是常說的止瀉藥。誠如在「腹瀉」那篇（第43頁）做過說明，腹瀉是因為細菌或食物的影響，使得腸道黏膜組織發炎，令糞便變軟的症狀。除此之外，腸道蠕動過剩也是造成腹瀉的原因。

曾經，「無論如何都該設法治好腹瀉」就像是個常識，而時至今日，人們則普遍認為「有些腹瀉放著就會好，有些腹瀉則是該設法治好」。這是因為腹瀉乃是人體排出體內細菌的防禦反應，因此不可以強行止瀉；也就是說，若是因為細菌或病毒等異物造成腹瀉時，身體正設法透過排便，將細菌一起排出體外，此時如果患者想辦法止瀉，反而會讓身體狀況變得更糟。

腹瀉症狀，以及可能罹患的疾病

急性／慢性	主要症狀、原因	可能罹患的疾病
急性（發燒）	腹痛、嘔吐感、嘔吐	**食物中毒**
急性（沒有發燒）	鯖魚、蝦子、螃蟹、牛奶、抗生素等	**食物或藥物過敏**
慢性（沒有血便）	反覆出現便祕與腹瀉症狀	**大腸激躁症**
	倦怠感、口乾舌燥、夜間腹瀉等	**糖尿病**
	微燒、發汗、甲狀腺腫大、眼球突出	**葛瑞夫茲病**
	發燒、腹痛、體重減輕	**克隆氏症**

透過藥物止瀉只是一種**對症療法**，普通的腹瀉大多只要幾天就會自然康復了。另一方面，有些腹瀉則該透過服用止瀉藥來設法治好，包括因壓力、受寒、罹患**大腸激躁症**時，這些都不是起因於細菌與病毒等異物的腹瀉。

長期腹瀉還會讓身體出現脫水症狀，患者也會因為腹瀉，而在通勤及通學時備受折磨。為了維持日常生活，而服用止瀉藥來舒緩上述症狀，這也是情有可原的事情。若是腹瀉持續好幾天，症狀都未獲改善，有慢性腹瀉的徵兆時，最好接受醫師諮詢。

飯後、飯間

After Meal & Between Meal

採飯前、飯後、飯間、睡前、頓服等方式服藥

Focal Point

究竟什麼是「飯間」？

口服藥物都有最佳的服藥時間，於此時段服藥能夠令藥效發揮至淋漓盡致。除此之外，每天於固定的時間服藥是最重要的。若是受到工作或是生活習慣限制，而無法在固定時間服藥時，則應接受醫師諮詢，請教適當的方法。

服藥時間又可分為飯前、飯後、飯間、睡前、頓服等五種類型（譯註：台灣則多出一種服藥時間稱作「飯中」，指的是與飯同服）。下面就讓我一一說明這些服藥時間吧。

【飯前】

指飯前約三十分鐘。飯前的血液循環正常，藥物吸收效率良好，能夠加快藥物成分流入血液內的速度。

此外，由於飯前胃部空空如也，所以飯前服藥的方法適用於：直接作用在胃黏膜，並發揮效果的藥物；以及在飯前服用能促進胃部功能，藉此增加食欲的藥物；不要與食物一同服用效果較佳的藥物等。

【飯後】

指飯後約三十分鐘。內服藥大多建議於飯後服用，這是為了養成患者於用餐後服藥的習慣，藉此避免忘記服藥。

由於胃部在飯後處於膨脹狀態，因此飯後服藥的方法適用於：促進胃部消化的藥物、舒緩胃脹氣的藥物；與食物一同服用效果較佳的藥物等。

【飯間】

指飯後二到三小時。「飯間」一詞有種與飯菜一起服用的印象，但事實上「飯間」指的是兩餐之間。

在用餐並消化完畢後，至下次用餐尚留有一段時間，就某種意思來說，飯間與飯前的意思相似。所以飯間服藥的方法也適用於直接作用於胃黏膜，並發揮效果的藥物等。

【睡前】

誠如字面意思，指的是就寢前。睡前服藥的方法適用於：藥效發揮於入睡時的藥物、幫助改善睡眠品質的藥物、促進早晨排便的藥物等。

【頓服】

指的是視必要服用。這是一個不太常聽到的詞彙，我們將只要服用一次就會生效的藥物稱作「頓服藥」。譬如止暈藥、頭痛藥、止瀉藥等。相反地，每天服用藥物的行為則稱作「連用」。

搭配一杯冷開水或溫開水服藥是最佳的服藥方法。若搭配牛奶服藥，會讓胃部環境變成鹼性，有時會降低藥效；根據服用的藥物類型不同，有時搭配果汁服藥也會降低胃部的吸收。搭配酒精飲料服用感冒藥則會讓藥效變得太強，反而造成負面影響；而咖啡與茶類中所含的咖啡因，有時會與藥物產生交互作用，令中樞神經過於興奮、難以入眠。

因此，希望各位在服藥時，能夠確實地遵照藥品說明書，乃至於醫師或藥劑師指示。

安眠藥 Hypnotics

服用時要小心抗藥性

Focal Point 有可能導致依賴性及戒斷症狀

一夜好眠才能夠消除身體疲勞。人類每天所需的睡眠時間根據年齡等因素而有所差異，普遍來說以七到八小時為佳。

睡眠之所以能幫助消除身體疲勞，是因為人體的運作將於睡眠中處休眠狀態，此時肌肉會放鬆，呼吸與脈搏也會趨緩。但當壓力過大、或是生活習慣日夜顛倒時，就會導致身體節律失調，造成難以成眠的窘境。此時，醫師就會開立「**安眠藥**（助眠藥物）」給患者服用。

根據有效時間差異，安眠藥的類型又可分為超短效型、短效型、中效型、長效型四種。超短效型有Triazolam（Halcion）、短效型有Brotizolam（Lendormin）、中效型有Estazolam（Eurodin）、長效型有Quazepam（Doral）等藥物（括號前為學名，括號內為商品名）。

當嚴重失眠，因而對日常生活造成影響時，醫師即會開立安眠藥給患者服用，但患者應盡可能避免服用過量。幾乎所有安眠藥的藥效，都會在開始服藥後約兩週後逐漸降低，因為患者體內已經形成對該款安眠藥的耐性；此時，患者會為了確保睡眠品質，而增加安眠藥的服用量，進而對安眠藥形成依賴性。

嚴重時，患者有可能出現停止服藥就感到不安的離脱症狀，以及停藥後看見幻覺、身體痙攣等戒斷症狀。假如患者長期服用安眠藥，突然停藥則會造成戒斷症狀；因此，起初可採取每週停藥一次的頻率，再逐漸增加，慢慢擺脱服藥的習慣。

雖説近年的安眠藥比過去更加安全，但仍然不該隨意服用。此外，法律上也禁止患者將安眠藥轉讓給他人，請各位務必注意。

類固醇 Steroid

由醣類皮質激素這種成分化學合成而成

Focal Point
類固醇這種藥物很危險？

或許各位常會在日常生活當中聽到「**類固醇**」這個詞彙呢。例如運動員為了增強肌力而使用類固醇，因此有使用禁藥（Doping）的疑慮等。

運動員使用的是所謂的蛋白同化類固醇（Anabolic Steroids），服用該藥物，並配合肌力訓練與適當飲食，即可達到增強肌力等效果。美國大聯盟球員等運動員濫用蛋白同化類固醇的情形曾經造成極大問題。

所謂類固醇，指的其實是人體腎臟上方之副腎皮質所分泌的一種荷爾蒙，而自該荷爾蒙中擷取出一種名為醣類皮質激素的成分，採化學合成後，即成為做為藥物使用的類固醇了。在使用上，類固醇既是一種藥物，也是一種荷爾蒙。

將類固醇做為藥物使用時，具有抑制發炎、抑制免疫系統運作等效果。醫師會開立類固醇給罹患異位性皮膚炎、支氣管性氣喘、類風濕性關節炎等疾病的患者。針對罹患支氣管性氣喘與感冒型氣喘的患者，醫師會開立副作用相當輕微的吸入型類固醇給其使用，相信各位讀者當中也有人看過吧。

在服用類固醇時，只要正確遵守用法與用量，即可成為罹患有上述症狀之患者的強大夥伴。但也因為類固醇具有強大藥效，反而有人對這種藥物抱持著「具有危險性」的既定印象。

的確在使用類固醇一段時間後，患者可能會出現月亮臉、毛髮變濃密、長痘痘等副作用，乃至於對感染症的抵抗力降低，甚至容易罹患白內障、糖尿病、高血壓等疾病。除此之外，因為強制從外界攝取類固醇，因此減少自體生成的類固醇數量，進而令患者陷入不得不持續服藥的窘境，這也是服用類固醇的缺點之一。

因此，就像是我所說的，希望各位可以在確實聽取醫師說明之後，再開始使用類固醇。

克流感 Tamiflu

幫助抑制流感惡化的藥物

Focal Point

也有在服藥後出現行為異常等副作用的案例

於某段時期，媒體頻繁地報導「服用克流感的孩童出現行為異常」「政府下令儲備克流感」等新聞，這讓一般大眾都聽過「**克流感**」的名字。

克流感是一種避免流感病毒（A型、B型）於體內大量繁殖的藥物，學名則為「Oseltamivir」。自二〇〇一年起，克流感開始獲得健保給付，因此使用範圍遍及兒童到成人（譯註：台灣衛生署則於每年十二月至隔年三月流感高峰期間，乃至其他流感爆發時期，配合政府政策開放克流感健保給付）。

克流感屬於口服藥物，成人用為膠囊類型，兒童用則為粉末類型。服用克流感能夠抑制症狀惡化，並讓症狀出現的時間變短。於流感症狀出現後四十八小時以內服用克流感，則可以獲得最佳藥效。相反地，若是未能於流感病毒正在增加的期間服用克流感，則藥效會比較差。除此之外，誠如前面所述，克流感只對Ａ型與Ｂ型的流感病毒有效，對Ｃ型流感病毒則無效。

但克流感有個問題，即在服藥後造成的副作用。在克流感發售前進行的臨床試驗當中，受試者曾出現腹痛、腹瀉、嘔吐等症狀，事實上這也在暗示服用克流感有可能造成肝功能障礙、肺炎、急性腎衰竭等症狀。

此外，日本曾在二〇〇七年二月時，發生國中生服用克流感後，自公寓一躍而下，因而喪命的事件。自此，服用克流感而出現行為異常的案例頻傳，於是日本厚生勞動省於隔月宣布，十歲以上的未成年者（二十歲以下）應停止服用克流感。

二〇一四年一月，日本國立感染症研究所指出，北海道、山形、神奈川、三重等五縣發現有人罹患「Ｈ１Ｎ１新型流感」，克流感等抗流感藥物對Ｈ１Ｎ１新型流感沒什麼效果。

各國政府因擔心出現流感病毒的全球性**大流行**，因此開始儲備抗流感藥物，但病毒耐性的變化相當快速，要製造出能夠與其對應的藥物似乎異常困難。

臨床試驗

Clinical Trial

使用「藥物候補」展開實驗

Focal Point

知情同意相當重要

「**臨床試驗**」使用「藥物候補」展開實驗，為的是獲得國家認可。在研究致病原因的過程當中，研究人員會在諸般物質當中找出可以做為「藥物候補」的物質，這就是藥物的雛型。姑且選出「藥物候補」之後，研究人員即會透過動物實驗確認其效果及安全性——這稱作非臨床試驗（Non-Clinical）。

再來要調查該「藥物候補」對人體的效果，以及是否會產生副作用。這部分即稱作臨床試驗，共可分為三個階段。

第一階段臨床試驗是在健康成年人的身上使用「藥物候補」，劑量由少量逐漸增多，藉此詳細調查有無副作用、吸收速度、藥劑成分排出體外的速度等。

第二階段臨床試驗則是於少數患者身上使用「藥物候補」。與第一階段相同，此階段除了要取得劑量與服用次數之外，也要取得有效的「藥物候補」使用方法等資料。

第三階段臨床試驗則是於大量患者身上使用「藥物候補」。以在第一階段與第二階段獲取的資料為基礎，調查「藥物候補」在多數患者身上能夠起到何等功效。除此之外，在第三階段當中，也會比較「藥物候補」與現有藥物間的藥效差異。

於臨床試驗當中獲得資料後，藥廠會將資料統整，並送件至日本厚生勞動省接受審查（譯註：台灣則是送件至衛生署接受審查）。通過審查後，該藥廠即可製造、販售新藥。

因為臨床試驗屬於使用「藥物候補」進行的研究階段，無可避免地會伴隨副作用及其他風險。受試者與患者需要比接受既有治療時更加謹慎，並且簽署**知情同意書**。此外，當認為接受臨床試驗前的說明過為草率、粗略時，受試者也可選擇拒絕接受。受試者必須了解，臨床試驗除了是為了造福未來與自己抱持相同症狀的患者，同時也存在負面影響，這點相當重要。

鎮咳劑 Antitussive

作用於腦部咳嗽中樞的藥物

Focal Point

謹記不要強行抑制咳嗽

罹患感冒，或是外界空氣充滿塵埃時，就會出現咳嗽症狀。而咳嗽究竟是如何產生的呢？當感冒等疾病使氣管變得敏感時、塵埃對氣管造成刺激時、氣管為了將病毒等異物排出體外而產生防禦反應時，即會造成咳嗽。

在喉嚨與氣管的內壁上，並排有無數根被稱作「纖毛」的黏膜突起，當塵埃等異物侵入喉嚨與氣管的內壁時，纖毛即會對其產生反應，開始運作，將塵埃等異物推向口部。另外，當橫膈膜或肋間肌激烈收縮時，也會造成咳嗽。

「**鎮咳劑**」這種藥物能夠幫助停止咳嗽。而鎮咳劑又可大致區分為幫助抑制咳嗽中樞（發出指示讓身體咳嗽的部位）反應的「中樞性鎮咳劑」，以及幫助舒緩喉嚨、氣管過敏狀態的「末梢性鎮咳劑」。

咳嗽的發生

❶對喉嚨與氣管黏膜組織造成刺激，傳抵位於腦部的咳嗽中樞。

❷咳嗽中樞傳出的指令讓身體出現反射性痙攣。

❸痙攣以咳嗽的形式出現，此時乃是身體為排出異物所產生的反應。

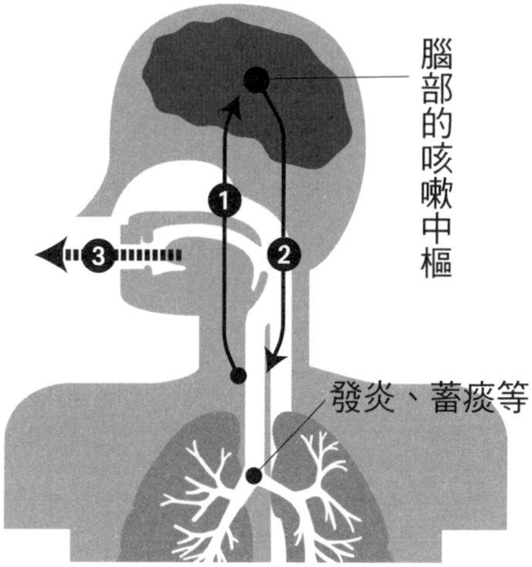

當長期處於劇烈咳嗽的狀態時，則容易耗費體力，此時會使用中樞性鎮咳藥劑；罹患支氣管性氣喘、支氣管炎、肺炎等疾病時，則會使用末梢性鎮咳劑。

當感冒等疾病造成喉嚨、氣管發炎時，這些部位就會變得較為敏感，因此保持室內空氣清潔，有抽菸習慣者選擇戒菸等，都可有效避免咳嗽。除此之外，為了讓身體較容易將痰給排出，患者也需頻繁攝取水分。痰是氣管分泌物與塵埃、細菌等異物混合而成的混合物。

咳嗽容易消耗患者體力，因此當高齡者或兒童長期咳嗽時，則要盡快讓咳嗽停止。但是也該好好想想，是否該透過頻繁攝取鎮咳劑來強行抑制咳嗽呢？

誠如前面所述，咳嗽是一種防禦反應，能夠將從口中進入體內的異物排出，因此若是強行抑制咳嗽，則會導致異物繼續留在體內。

除此之外，感冒等疾病造成的普通咳嗽，通常花上個一到兩週就會自然康復；而持續三週以上的咳嗽則為慢性咳嗽，有可能是罹患氣喘、**咳嗽變異性氣喘**、過敏性咳嗽、**逆流性食道炎**等疾病所導致的併發症。

併用 Drug Combination

透過藥物組合，讓藥效產生變化

Focal Point

葡萄柚汁與降血壓劑

日本自古相傳應避免同時攝取鰻魚與酸梅、啤酒與西瓜等食物。這類組合被日本人稱作「合食禁」。這類組合既有單純會造成消化不良的類型，也有因兩種食物在當時皆是奢侈品，人們為了避免奢侈，不得已而用之。國外也有因宗教禁忌而設置這類組合的情形。

有些藥物組合也該避免一起服用，稱作「**併用**」或是「交互作用」。若是同時服用相容性較差的藥物時，則有可能導致藥效變得過強，或是反而讓藥效變弱。若出現前者的情形，會容易造成副作用，乃至腎臟、肝臟方面的障礙；後者則是因為藥效變弱，導致症狀不易痊癒。

除了避免同時服用相容性較差的藥物之外，也應避免同時攝取某些藥物與食物。像是：安眠藥與酒精類飲料、胃藥與碳酸飲料、感冒藥與咖啡或可樂、抗血栓劑與納豆、降血壓劑與葡萄柚汁等。

抗血栓劑（Warfarin，香豆素）與納豆等富含維生素K的食物相容性較差，同時攝取將會導致藥效變弱。特別是根據研究指出，同時攝取葡萄柚汁與降血壓劑（鈣離子阻斷劑）相當不妙，甚至會引發心律不整或急性心臟衰竭等症狀。醫學界認為葡萄柚汁所含的苦味成分會對藥物造成某種影響。

不過，我們也該好好想想，是否該因為過度在意藥物併用，反而導致營養失調？若是有服藥習慣，可試著與醫師、藥劑師等專家討論，確認是否有與該藥物相容性較差的食材。

副作用 Side Effect

使用藥物後，出現預期作用之外的作用

Focal Point 漢方中藥也有副作用

「**副作用**」係指在使用藥物後，出現預期作用之外的作用。相反地，使用藥物後的預期作用則稱作主作用（Main Effect）。

由於藥物屬於化學物質，因此無論如何，對人體來說都是種異物。也就是說，適量使用藥物一事相當重要。例如，感冒藥的主作用是抑制發燒、喉嚨痛、鼻水等症狀，而副作用則是嗜睡、食欲不振、皮膚搔癢、發疹、眩暈、喘不過氣、休克（全身過敏性反應）等。這些副作用症狀都會被記載於藥物說明書上，因此若服用後出現這些症狀是正常的。而市售的藥物有些沒什麼副作用，有些則是利大於弊，主作用的效果更令人期待，因此在服用上也不用過於緊張。

人們對藥物的副作用抱有不少誤解。例如，或許有人認為「漢方中藥沒有副作用」，但事實上，漢方中藥同樣也有副作用。相較於西藥，漢方中藥的副作用較輕，頂多就是會在服用後出現食欲不振、水腫、心悸等症狀。

另外，也有人認為「類固醇與抗癌劑等藥物的副作用很強，所以很危險」，但其實只要醫師開立適當的劑量，就可獲得良好的治療效果。因此，希望各位不要因為過於害怕副作用而自行停藥，或是減少服用劑量。

在接受疫苗接種後，產生的負面反應則被稱作「**副反應**」。與藥物相同，施打疫苗也會伴隨著副反應；只要在接種前理解會出現的副反應，之後就可以有條不紊地進行後續處理了。

若是正確使用**醫藥品**（除醫院、診所醫師開立之藥物外，也包含自行於藥局購入者），卻仍出現副作用，以致對健康造成傷害時，當事人則可以循「醫藥品副作用被害救濟制度」獲得賠償，詳情可洽日本獨立行政法人醫藥品醫療機器總合機構（譯註：台灣則於二〇〇〇年五月正式經立法院三讀通過，明令公布開始實施「藥害救濟法」，詳情可洽財團法人藥害救濟基金會）。

嗎啡 Morphine

醫療用毒品，用於舒緩癌症產生之疼痛

Focal Point 「嗎啡＝毒品」是個誤解

聽到「**嗎啡**」這個詞，各位是否馬上就會聯想到「毒品」呢？也就是說，大多數人都抱持著「嗎啡等於毒品」的刻板印象。

沒錯，嗎啡是鴉片這種毒品的主要成分，根據產地不同，鴉片當中約含有百分之九至十四的嗎啡。但是醫療機構所提到的「嗎啡」，指的則是用來鎮定疼痛的嗎啡。醫護人員會在合理的範圍內，讓患者使用嗎啡，藉此有效舒緩患者的疼痛，因此完全無須對嗎啡感到戒慎恐懼。

與讓正常人使用嗎啡不同，當讓患者使用嗎啡時，患者不會對嗎啡出現依賴性或是中毒症狀；因為癌症患者將會出現劇烈疼痛，以致腦部充滿令人不快的壓力，此時的患者處於興奮過度的狀態，而使用嗎啡能夠令該興奮狀態平均化。

若是讓腦部沒有令人不快之壓力的正常人使用嗎啡，則會變得太過快樂，因而陷入藥物依賴性或中毒症狀的窘境。

除此之外，也有人對醫療用嗎啡抱持著「使用嗎啡會縮短壽命」「長期使用嗎啡，會讓嗎啡失效」「一旦使用嗎啡後就無法停藥」等觀念，這些全都是誤解。根據美國研究，已經否定了使用嗎啡會縮短壽命的謠言（以癌症末期患者為研究對象，調查施打嗎啡與患者生存期間的關係）；之所以會在使用嗎啡的過程中，感到嗎啡失效，是因為疾病造成的疼痛變得更強，原本的施打劑量已經太少了。除此之外，即便開始使用嗎啡，只要逐漸減少使用劑量，同樣可以停藥。

嗎啡的類型又可分為口服型、塞劑型、靜脈與皮下注射型、貼片型四種。其中口服型採經口攝取，又可細分為對慢性疼痛有效的緩釋性製劑，以及對突發性疼痛有效的速效性製劑。若是無法採口服的患者，則改用塞劑型。

癌末患者每天都受到癌症所帶來的劇烈疼痛折磨，抱持此種劇烈疼痛離世的案例也不在少數。因此為了避免患者的**QOL**（**生活品質**）下滑，醫師有必要讓患者使用醫療用嗎啡，藉此舒緩其疼痛，恢復舒適的生活。

藥害 Chemical Burn

醫藥品對人體健康造成傷害

Focal Point 造成藥害持續擴大的原因

廣義的「**藥害**」係指醫藥品、農藥等藥物對人體與動植物造成的傷害；狹義的「藥害」指的則是醫藥品對人體健康造成的傷害。而本書提到「藥害」時，使用的則是後者的意思。

一九四八年至一九四九年，日本首度於二戰後出現藥害，那是在接種白喉（Diphtheria）的疫苗時，對人體健康造成的傷害。原因乃是出在疫苗當中殘留有白喉毒素（Diphtheria Toxin），在九百二十四名受害者當中，有八十三人因此喪命。

在此之後，日本接連發生藥害，例如一九五三年，發生奎諾仿（Quinoform）製劑造成的SMON症（亞急性脊髓視神經末梢神經障礙，Subacute Myelo-

Optico -Neuropathy）事件（受害者超過一萬名）、於一九五八年發生沙利竇邁（Thalidomide）鎮定劑造成的孕婦產下畸形兒事件（受害者約為一千名）、於一九五九年發生氯奎（Chloroquine，瘧疾治療藥）造成的視網膜病變事件、於一九七三年發生解熱劑造成的股四頭肌短縮症事件（受害者約為一萬名）等。

近年來，藥害事件依舊頻傳，譬如於一九八〇年代發生血液製劑造成的C型肝炎感染事件（受害者超過一萬名），以及因血液製劑造成的人類免疫缺乏病毒（HIV）感染事件（受害者超過一千四百名），於一九八九年發生了麻疹腮腺炎德國麻疹混合疫苗（Measles, Mumps and Rubella；MMR疫苗）造成的無菌性腦膜炎事件（受害者約為一千八百名）等。最近也傳出因使用抗癌劑**艾瑞莎**、流感藥物**克流感**造成的藥害事件。

除此之外，若是因藥害而出現大量受害者時，該藥害事件就會形成社會問題。那為何會出現藥害（藥害事件）呢？雖說每個案例都有所不同，不能概括而論，但是當服用某種藥物而出現受害者，有關單位卻無法確實掌握該藥物與此事的因果關係時，也就無法抑制該藥物的擴散。

有關單位需花上一段時間，才能夠確認藥物與受害者之間的因果關係。於是在得出研究結果之前，該藥物會持續被使用，受害者人數在期間內也會不斷攀升。

為了避免自己也成為藥害的受害者，或許各位需要努力留意每天的新聞，並試著自行調查藥物的成分及副作用等。

日本主要的藥害歷史

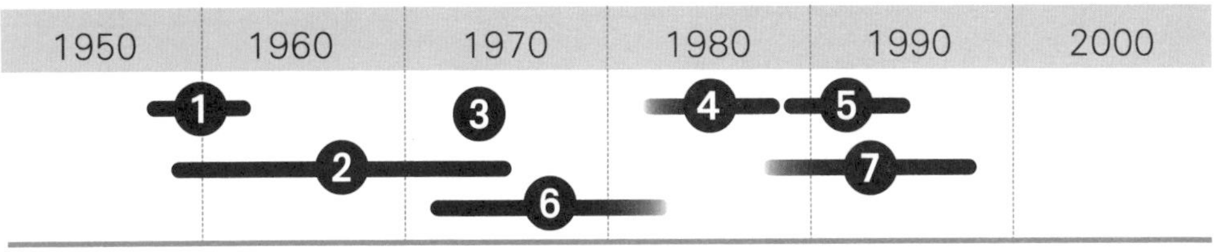

※ 以日本厚生勞動省藥害教育教材《來學習藥害吧》（薬害を学ぼう）為基礎製作而成

❶1958 ～ 1962 年	沙利竇邁鎮定劑造成孕婦產下畸形兒事件（受害者約 1000 人）
❷1959 ～ 1975 年	氯奎造成的視網膜病變事件
❸1973 年	解熱劑造成的股四頭肌短縮症事件
❹ ～ 1988 年	血液製劑造成的 HIV 感染事件（受害者：約超過 1400 人）
❺1989 ～ 1993 年	接種 MMR 疫苗造成無菌性腦膜炎事件（受害者：約為 1800 人）
❻1970 年～	陣痛促進劑造成的藥害事件（陣痛促進劑造成胎兒死亡、重度腦性麻痺、母親死亡等）
❼ ～ 1997 年	用乾燥硬腦膜進行腦膜移植造成庫賈氏症事件（受害者：141 人）

疫苗 Vaccine

幫助預先打造感染症免疫力的製劑

Focal Point

人類於兩百年前就已經開發出疫苗

我們將病毒與細菌侵入體內後，大量繁殖所引發的疾病稱作感染症。譬如痲疹、德國痲疹、流行性腮腺炎等疾病，就是感染症的代表。

原本病毒與細菌侵入體內時，人體就會分泌一種名為「抗體」的特殊蛋白質，以應對這些外來異物，而「**疫苗**」這種製劑就是利用人體本身會分泌抗體的機制，藉此事先建立起對感染症的免疫力。除此之外，事先施打疫苗的行為則稱作**預防接種**。

英國醫師愛德華．金納（Edward Jenner）是全球首位開發出疫苗的人，那已經是距今兩百年以前的事情了。當時他發現使用牛痘（牛隻罹患的天花）為人們進行種痘（將牛痘劃破，並將膿液以小刀拭在受種者受傷的皮膚上，藉此接種疫苗）後，受種者將不會罹患天花，之後他也成功自天花的魔掌下拯救了許多人命。

疫苗又可分為活性減毒疫苗（Live Attenuated Vaccine）、非活性疫苗（Killed Vaccine）、類毒素（Toxoid）三種。活性減毒疫苗是將活病毒與活細菌的毒性減弱後，製作而成的疫苗；非活性疫苗則是以福馬林、紫外線等方式處理病原體，藉此消除其感染力與毒性之後，製作而成的疫苗。

不同於活性減毒疫苗，非活性疫苗不會於體內大量繁殖，因此需要分成數次進行預防接種。類毒素就是一種非活性疫苗，乃是將細菌釋放出的毒性去除後，活用其製造抗毒素的能力，藉此製作而成。此類疫苗被使用於破傷風及白喉等疾病的預防接種上。

誠如前面所述，基本上疫苗對人體無害，但疫苗同樣是以病原體與細菌等原料製作而成，因此並不能說完全無害。譬如ＭＭＲ疫苗能夠同時完成麻疹、腮腺炎、德國麻疹的預防接種，日本於一九八九年開始使用此種疫苗，但由於在進行預防接種之後，卻接連出現嬰幼兒罹患無菌性腦膜炎的案例，因此日本政府決定於一九九三年四月起，暫停進行**ＭＭＲ疫苗**的預防接種。之所以會造成此事件，乃是因為疫苗製造廠商擅自更改製造方法所致，而此事件也讓日本人體認到，預防接種造成的傷害範圍持續擴大。

專欄

永遠珍惜牙齒！「8020 運動」

當高齡者失去原生齒時，可以使用假牙、植牙等物做為代替。但若是能避免失去原生齒，那自然是再好不過了。「8020 運動」是一種幫助牙齒保健的概念，乃是日本厚生省（現在的厚生勞動省）與日本齒科醫師會於 1989 年攜手推動的運動，目標是讓人們即便活到 80 歲高齡，口腔裡仍能夠保留有 20 顆以上的原生齒（編按：台灣新竹市也自 2015 年開始推廣 8020 運動）。

普遍而言，只要口腔裡保留有 20 顆以上原生齒，幾乎就能夠過著游刃有餘的飲食生活了。我們正面臨超高齡化的社會，除了自己的牙齒之外，如何保護親朋好友的牙齒也是個切身相關的問題。之所以會這麼說，是因為當一個人成為「無齒之徒」時，就無法確實咀嚼食物，進而對健康造成危害。

除此之外，定期前往牙醫診所接受口腔保養，這是在往後的人生維持牙齒健康的方法之一。某個論點提出資料佐證，認為相較於為了治療蛀牙而勤跑牙醫診所，每年接受數次口腔保養更加經濟實惠。

第五章

防患未然的急救知識

AIDS

愛滋病

導致人體免疫細胞持續減少的疾病

Focal Point

日本的感染人數約有兩萬人之多

根據日本厚生勞動省愛滋動向委員會的報告指出，至二〇一三年十二月二十九日，在持有日本國籍者中，ＨＩＶ感染者與愛滋患者的人數為一萬九千零三十四人（男性一萬七千八百六十人、女性一千一百七十四人）。

上述人數包含因輸血等造成的感染案例，若從ＨＩＶ感染者的感染途徑來看，可發現男性感染者多為同性性交造成的感染，女性感染者則多為異性性交造成。

日本於一九八五年發現首例愛滋病個案（譯註：台灣則於一九八四年十二月發現首例愛滋病個案），在此之後「**愛滋病**」蔚為社會問題，而這究竟是什麼樣的疾病呢？

在說明愛滋病前，先談談何謂ＨＩＶ吧。ＨＩＶ是「Human Immunodeficiency Virus」的縮寫，譯名為「**人類免疫缺乏病毒**」，亦即愛滋病毒。

T淋巴球、巨噬細胞等免疫細胞保護人體免於受到細菌、黴菌、病毒等病原體的傷害，而HIV這種病毒則會感染免疫細胞，當HIV於細胞中大量繁殖時，即會令體內的免疫細胞逐漸減少，導致人體容易感染平時不易感染的病原體，進而併發諸般疾病——這種疾病狀態被稱作愛滋病。

愛滋病的英文寫做「Acquired Immune Deficiency Syndrome」，亦簡稱為AIDS，中文譯作「後天免疫缺乏症候群」。深及黏膜（腸管、口腔內、陰道等）、血管等部位的皮膚傷口會遭到愛滋病毒感染。感染途徑包括性交感

HIV 的感染途徑

接觸感染	血液感染	母子垂直感染
尿道、陰道、口腔、肛門等部位的黏膜組織接觸到含有 HIV 的精液、血液、陰道分泌物等體液，因此造成感染。此外，HIV 的感染力極弱，因此與感染者一起生活並不會遭到感染。	與 HIV 感染者共用針頭施打興奮劑等毒品，因此造成感染。曾經也有因為輸血而造成感染的案例，但現在用於輸血的血液都會經過嚴密檢查（雖說如此，也並非完全沒有遭到感染的可能性）。	母親身為 HIV 感染者，經由產道或胎盤等部位造成胎兒感染。但是只要於孕期開始服用抗 HIV 藥物，或是於生產時採剖腹產，即可防止胎兒遭到感染。

染、母子垂直感染、血液感染等。在ＨＩＶ的感染案例中，又以性交感染占大宗；此外也有於生產時、哺乳時造成的母子垂直感染，輸血或是共用針頭施打毒品造成的血液感染等。ＨＩＶ感染者的血液、精液、陰道分泌物等體液內含有大量的ＨＩＶ，因此要避免黏膜等身體部位接觸到上述體液，這點相當重要。

感染ＨＩＶ後，患者會歷經感染初期→無症狀期→愛滋發病期等階段。感染初期也稱作急性期，在感染ＨＩＶ之後的二至六週內，百分之五十至九十的患者會出現發燒、頭痛、咽喉炎、腹瀉等症狀。由於這些症狀並非ＨＩＶ的特有症狀，因此除非接受ＨＩＶ篩檢，否則無法掌握正確的感染狀態。現在日本幾乎所有保健所都可以接受ＨＩＶ篩檢（免費、匿名），在愛滋病的治療上，早期發現最為重要。

現在已可透過抗ＨＩＶ藥物抑制病毒大量繁殖，藉此極力預防愛滋病發作。當各位擔心自己是否感染ＨＩＶ時，請務必前往各地保健所接受篩檢（譯註：台灣各地也有多家醫院可接受免費匿名ＨＩＶ篩檢，詳情可於網路搜尋）。

抗藥性黃金葡萄球菌

Methicillin-Resistant Staphylococcus Aureus

對抗生素具備抗性的金色葡萄球菌

Focal Point

青黴素與二甲苯青黴素對它無效

抗藥性黃金葡萄球菌亦可簡稱為「**MRSA**」。曾經，當患者因感染黃金葡萄球菌，而罹患肺炎時，醫師可以使用**青黴素**這種抗生素來治療。但是隨著頻繁地持續使用青黴素，形成了一種名為「耐性菌」的黃金葡萄球菌，青黴素對這種細菌無效。於是，研究人員又再開發出一種名為**二甲苯青黴素**的全新抗生素，藉此消滅上述的耐性菌。持續使用的結果，又形成了另一種對二甲苯青黴素也具有耐性的細菌，亦即此處的抗藥性黃金葡萄球菌（MRSA）。

也就是說，黃金葡萄球菌在與研究人員糾纏不休的過程當中，進化成一種全新的耐性菌。

健康者接觸MRSA完全無害，但問題是當甫經手術的患者、重度燒傷的患者等抵抗力較弱者感染ＭＲＳＡ時，即有可能引發肺炎、腦膜炎、敗血症等疾病。手術後的傷口特別容易遭到ＭＲＳＡ感染，若是症狀加劇甚至可能導致死亡。

穩可信是現在對付ＭＲＳＡ的有效藥物，但也並非萬能，亦有研究指出，已出現對穩可信產生耐性的細菌了。

有段時期，ＭＲＳＡ於日本各大醫院造成的院內感染蔚為問題，現在，各大醫院則透過勤洗手及其他諸般對策，避免造成大規模的院內感染（譯註：台灣情況亦然）。因此，去探訪患者時，探訪者要記得在進入醫院前，使用入口處的酒精消毒雙手。

間質性肺炎

Interstitial Pneumonia

於肺泡外側等部位有發炎症狀的肺炎

Focal Point

「間質」指的是哪個部分？

吸氣、吐氣的動作稱為「呼吸」。當我們呼吸時，空氣會自口鼻進入體內，通過喉嚨（咽喉、喉頭）抵達氣管，並進入分為左右兩側的支氣管，最後抵達肺部。支氣管的前端稱作肺泡，呈現小小的囊袋狀，將會於此部位進行氧氣與二氧化碳的交換——這也稱作「氣體交換」。透過氣體交換，我們得以攝取氧氣，並吐出二氧化碳。而肺泡的外側部分、細支氣管（連結支氣管末端與肺泡的部分）的周圍組織等，則統稱為「間質」。當間質發炎時，患者即會出現喘不過氣、乾咳等症狀。這種疾病稱作「**間質性肺炎**」。一般提到的肺炎，指的則是細菌、病毒等異物造成肺泡發炎的情形。

當罹患放射性肺炎（照射放射線所造成的肺炎）、藥劑性肺炎（因使用抗癌劑、抗生素等藥物造成的肺炎）、病毒性肺炎、膠原症，伴隨而來的發炎症狀對間質造成刺激，即會導致間質性肺炎。原因不明的間質性肺炎也不少見，患者的年齡層多落在五、六十歲。

除了前述的症狀之外，間質性肺炎的併發症還包括呼吸困難、微燒、倦怠等。若是罹患急性間質性肺炎，甚至會引發呼吸困難、心臟衰竭，須多加注意。

現階段在治療慢性間質性肺炎時，則是使用副腎皮質荷爾蒙劑，資料顯示這具有一定程度的治療效果，但是療程多會持續好一段時間。

閃到腰 Strained Back

支撐腰部的肌肉與韌帶斷裂的狀態

Focal Point

德文當中稱作「魔女的一擊」

當突然拿起重物的瞬間，一陣劇烈疼痛襲來，這就是俗稱的「**閃到腰**」，醫學上則稱作急性腰痛或是腰部肌膜炎。在德文當中，將閃到腰瞬間所產生的強烈疼痛稱為「魔女的一擊」。由此可見腰痛是多麼可怕的症狀。

閃到腰常常都是如前面所述般，因拿起重物而導致。此外像是咳嗽、打噴嚏、洗臉時，乃至於坐在椅子上時，為了拿取附近東西而活動腰部的瞬間，都有可能閃到腰。甚至是早上想要從床鋪或地鋪起身時，也有可能閃到腰呢。可說是一種在日常生活中很常出現的疾病。

閃到腰當下之所以會產生劇痛，是因為負責支撐腰部的肌肉與韌帶斷裂，以致對神經造成刺激的緣故。當患者對關節施加過大力道，對韌帶，還有包覆關節的組織造成損傷時，這種症狀稱作「**扭傷**」。而閃到腰其實就是腰部出現扭傷的狀態，因此我們可以將閃到腰改稱為「腰部扭傷」。

閃到腰時，患者將會感到令人動彈不得的劇痛。扭傷初期，應盡可能地不要活動，保持側躺靜養；約二至三天後，疼痛會逐漸舒緩，此時再前往醫院看診會比較好。除此之外，若因為疼痛而去按摩患部，則會造成反效果；此時患部已經發炎，也應盡可能避免泡澡。因為上述理由，閃到腰的急性期應採取冰敷來舒緩疼痛。

曾經，人們認為閃到腰的時候就是要保持靜養，直到症狀完全消失；而現在則有人認為早點開始活動身體，可以讓恢復速度加快。我則是建議，以不勉強的程度於家中行走，並視情況前往醫院看診會比較好。

另外，當除了腰痛之外，還出現血尿、排尿障礙等症狀時，則有罹患椎間盤突出、脊椎腫瘤、尿道結石等疾病的疑慮，建議前往醫院接受檢查。

高山症 Altitude Sickness

缺氧而引發的諸般症狀

Focal Point

聖母峰上的氧氣量是平地的三分之一

「**高山症**」係指置身缺氧環境所產生的症候群，又可區分為急性與慢性。普遍而言，我們提到高山症時，指的都是急性高山症。

過去，只有部分登山家，還有以調查為目的學者會登上高山；但近年來因為登山運動蔚為風潮，加上航空公司蓬勃發展，讓普通人也可以輕鬆前去攀登高山。普遍而言，只要身處海拔高度約二〇〇〇公尺的高地，任誰都會罹患高山症。譬如日本富士山獲登錄為世界遺產之後，國內外的登山者人數突然暴增，富士山峰頂的海拔高度達三七七六公尺，攻頂的登山者有極大可能會罹患高山症。而五合目的海拔高度也達到二三〇〇公尺，在此高度亦有罹患高山症的疑慮。

有很多案例都是在到達高地後的八至四十八小時內出現高山症，症狀則包括頭痛、嘔吐感、倦怠感、睡眠障礙、眩暈等。只要讓患者靜養，通常都會逐漸恢復，但是當罹患急性高山症時，症狀加劇至肺部積水——即高山肺水腫的情形亦不在少數，最嚴重者甚至還會導致死亡。特別是攀登到海拔高度接近三〇〇〇公尺者，更有相當大的可能性會罹患此疾病。

那麼究竟哪種人比較容

高度與氧氣的關係

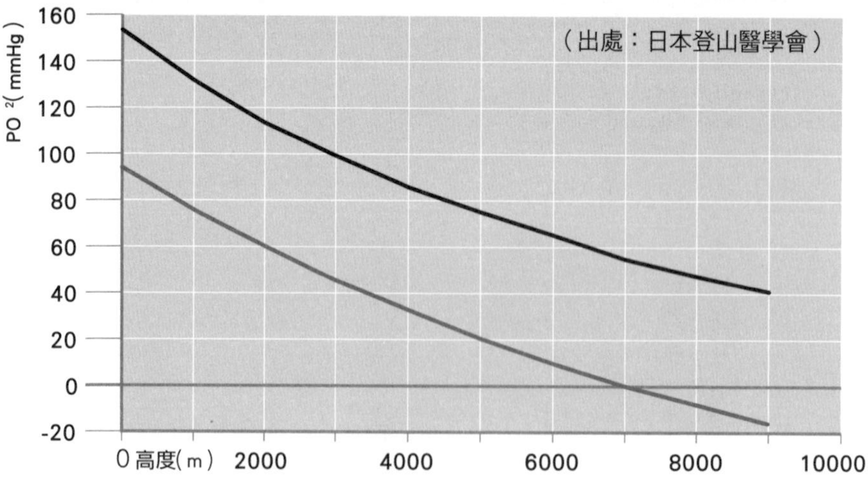

上方線條指的是空氣中的氧氣分壓（PO^2），下方線條指的則是人體內氧氣量減少的程度。透過氧氣分壓的變化，可以發現當海拔高度來到 3000 公尺以上時，氧氣分壓會減少到平地的三分之二。

易罹患高山症呢？其實罹患高山症並沒有什麼特定條件。也就是說，若是不實際攀登高山，則無法知道自己是否會罹患高山症。之所以會這麼說，是因為即便是熟悉攀登高山的人，每天的體況也會有所不同，而即便是體力充沛的人，也並不代表就不會罹患高山症。

有一種方法能夠避免罹患高山症，也就是慢慢增加攀登高度，稱作「高度適應」。登山者應盡可能避免搭乘飛機直接飛抵海拔高度超過二〇〇〇公尺處，從該處開始攀登，而是應該花上二到三天的時間，慢慢攀爬至該高度。

除此之外，若是罹患高山症，先決條件是由同伴陪同下山，不要繼續留在同一高度。這是因為高山症患者會出現意識障礙，難以獨自一人下山。

普遍而言，海拔高度達三〇〇〇公尺的高山，氧氣量約為平地的三分之二；海拔高度達五〇〇〇公尺者，氧氣量則為平地的一半；聖母峰頂（八八四八公尺）的氧氣量則為平地的三分之一。攀登高山者，或是前往山區健行者，應事先對高山症的風險有充分了解才行。

骨折 Fracture

骨頭斷裂的狀態

Focal Point

又可分為「閉鎖性骨折」與「開放性骨折」

簡單來說，「**骨折**」指的就是「骨骼斷裂的狀態」。而根據骨折的外觀狀態不同，又可以將骨折分為皮膚表面沒有受損，骨折部位不會接觸外界空氣的「閉鎖性骨折」；以及傷口會接觸外界空氣的「開放性骨折」。開放性骨折亦即所謂的「複雜性骨折」，代表除了骨骼之外，肌肉等身體組織也一併受損的狀態。

根據骨折形狀不同，又可分別稱作骨骼完全斷裂的「完全骨折」，及骨骼尚未完全斷裂的「不完全骨折」。再進一步細分，又可分為骨骼片片碎裂的「粉碎性骨折」、因骨質疏鬆症等疾病所造成的「壓迫性骨折」、骨骼出現裂痕的「骨骼龜裂」、骨骼部分凹陷的「凹陷性骨折」等類型。或許有人認為骨骼片片碎裂的骨折就是複雜性骨折，但正確而言，這稱作粉碎性骨折。

骨折時，前往外科或整形外科看診是最快的辦法。但在那之前需要先進行緊急

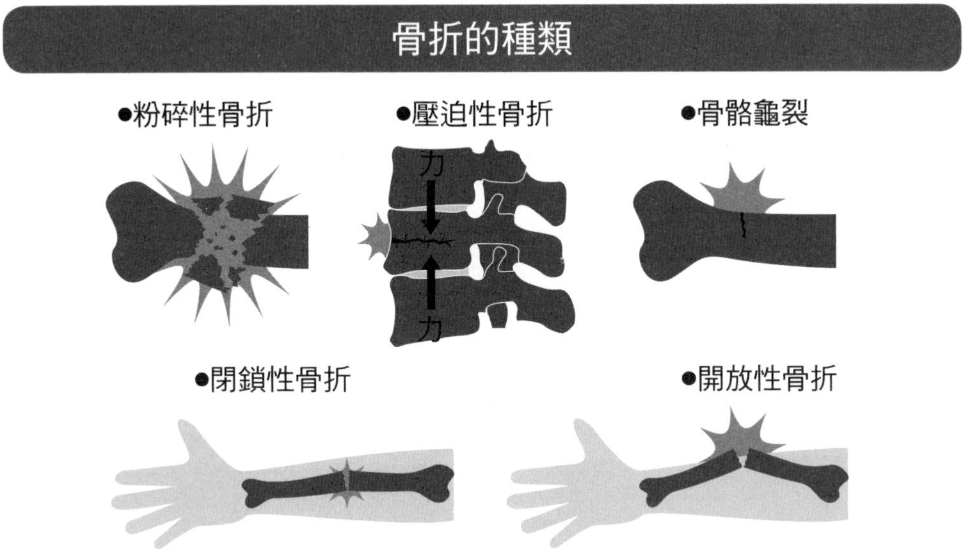

處理。若有出血症狀，則須優先止血。出現開放性骨折時，細菌有可能自傷口進入體內，進而造成骨髓炎等併發症，因此要先以乾淨的紗布等物壓住傷口。

在固定骨折部位時，則可使用周遭可見的棒狀物加以固定，以避免該部位移動。如找不到棒狀物，可使用硬紙箱、雜誌、坐墊、雨傘等物代替。固定好後，盡量讓骨折部位處於比心臟高的位置。

此外，當脊椎、骨盆、大腿骨等部位骨折時，患者有可能會因大量內出血而陷入休克狀態。當患者出現身體冰涼、脈搏微弱、臉部與掌心出汗等症狀時，請立刻呼叫救護車將患者送往醫院，以避免錯過搶救的黃金期。

自體輸血

Autologous Transfusion

儲存自己的血液，以備不時之需

Focal Point

沒有副作用，相當安全

當患者因為罹患重大傷病而大量失血時，或是因接受大手術而缺血時，就需要接受「**輸血**」。輸血分為直接將採集後的血液輸給患者的「全血輸血」，以及經過離心處理分離出血液中各種成分，再分別輸給患者的「成分輸血」。而近年來，輸血時多採成分輸血。

在日本，多虧有紅十字血液中心的盡心盡力，讓血液獲得安定的供給，即便是出血量較大的手術，也能夠在較為安全的情況下進行。但是同種異體輸血（為患者輸注他人的血液）卻有著諸般副作用、併發症**GVHD**（**移植物對抗宿主疾病**），乃至於也有因輸血而罹患感染症、愛滋病的案例。因此在事實上，並不能說同種異體輸血百分之百安全。GVHD是為患者輸注他人血液時，血液中的白血球攻擊患者的一種疾患，若是因此引發白血症，死亡率則相當高。為了避免上述情況，醫學界於是想出了預先採集患者血液，並於手術時輸注的方法，亦即「**自體輸血**」。在進行自體輸血時，完全不會使用到其他人的血液，因此能夠防止副作用及其他併發症，得以確保輸血的高度安全性。

自體輸血又可分為儲血法、稀釋法、回收法三種類型。

儲血法乃是於距離手術數天前，採集患者血液並儲存至手術時使用。每週抽血一次，每次抽血四百毫升。除非是進行緊急手術，否則其他手術都會於術前排定手術日程表，因此能夠有效運用儲血法。

稀釋法於手術剛開始時，採集患者約一千毫升血液，並於之後給予等量之等張溶液補充，藉此稀釋患者體內血液濃度。結束後，再將抽取的血液回輸給患者。

回收法則是於手術中或手術後回收流出血液，再回輸給患者的方法。此種方法又可分為於手術中收集患者流出的血液，並使用遠心分離機過濾其他無用的成分，只將紅血球回輸給患者的術中回收法；以及於術後過濾患者流出的血液，再回輸給患者的術後回收法。

但是並非所有情形都適合採用自體輸血，若是出血量大於預期時，同樣可能需要使用別人的血液。患者在動手術前，最好先接受醫師說明。

打嗝 Hiccough

橫膈膜肌痙攣

Focal Point

有時打嗝會持續兩天以上

橫膈膜肌定期痙攣，即會造成「**打嗝**」，也可稱作「呃逆」。有時大口吃喝時，就會暫時出現打嗝的症狀，但是大多數都會自然停止；不過，也有可能持續好長一段時間，或是斷斷續續地持續數小時，乃至於數天。在金氏世界紀錄當中，甚至有一位美國人持續打了六十八年的嗝呢。

全世界都有人因為打嗝而深感煩惱，民間也流傳著一些治療打嗝的偏方，譬如：憋氣、一口氣喝下冰水、用力拉舌頭三十秒、保持臉部朝下的狀態喝水等，或許各位也有人每一種都嘗試過了呢。

誠如前面所述，打嗝會隨著時間流逝自然恢復，若是遲遲不恢復，可能就要注意了。特別是在睡覺時因為打嗝而難以入睡，或是持續打嗝兩天以上時，即為所

打嗝的緊急處理

●憋氣

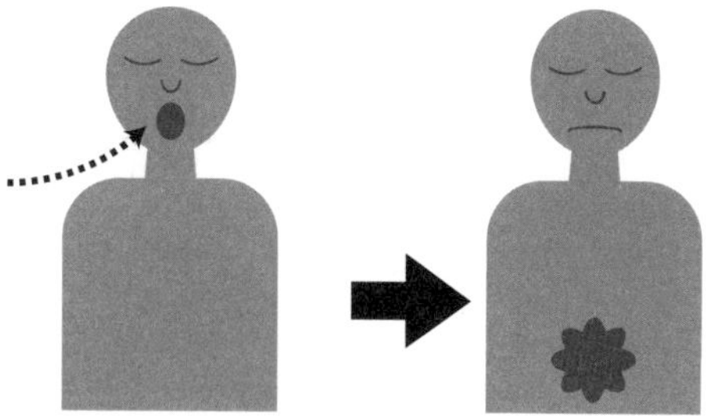

大口吸氣至下腹鼓脹，之後暫時停止呼吸。

●喝冰水

一口氣喝下像是冰塊水等冰涼的冷飲。

●深呼吸

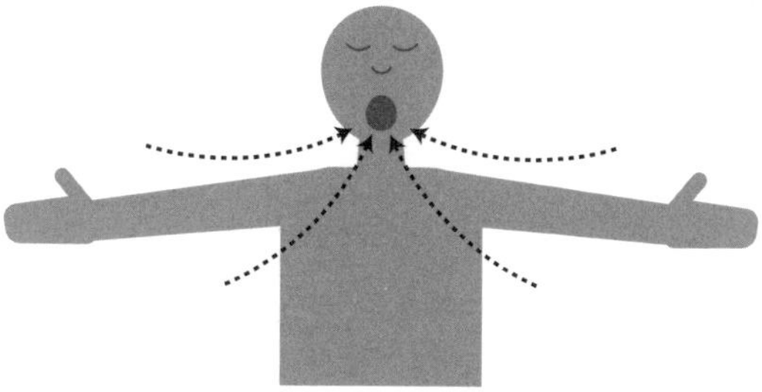

大口深呼吸，並在該狀態下，吸入更多的空氣。

●按壓眼皮

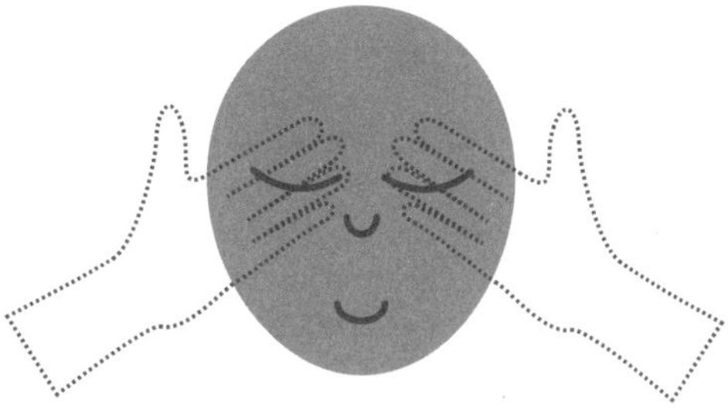

閉上雙眼，並採恰到好處的力道，以指尖按壓眼皮。

謂的難治性打嗝，有可能是罹患了某些疾病。

譬如，患者可能罹患腦腫瘤、腦中風等腦部疾病，因而造成打嗝，或是罹患肺炎、肝臟腫瘤、食道瘤，乃至於心因性的疾病。上述情形必須先消除造成打嗝的原因，否則就很難治好打嗝，因此需要接受醫師診斷。

若是持續打嗝好幾天時，可以試著前往內科就診。

腫瘤標誌

Tumor Marker

因罹癌而造成數值異常飆高的物質

Focal Point

不要因檢查結果而空自喜悲

癌症分為食道癌、肺癌、胃癌、大腸癌等諸般類型。而當患者罹癌時，血液與尿液中會有某種物質的含量異常飆高。該物質稱作「**腫瘤標誌**」。

有三種情況，醫師會為患者進行腫瘤標誌篩檢，亦即：一、為了早期發現癌症時，二、為了早期發現癌症復發時，三、為了判斷治療效果時。

醫師主要會在患者接受健檢時，一併進行情況一；情況二則是患者於癌症早期接受腫瘤切除手術後，於術後觀察期進行；情況三則是於想確認癌症的病情發展時進行。

但是即便腫瘤標誌的數值升高或是下降，乃至於顯示為陽性，患者也無須深感憂慮。之所以會這麼說，是因為大多數的腫瘤標誌，在早期癌症的階段都不會升高。以這層意思來說，為了情況一的目的進行腫瘤標誌篩檢，其實沒什麼意義。

而除了癌症以外，於罹患其他疾病時進行腫瘤標記篩檢，結果顯示陽性的情形也不在少數。

例如，罹患重度肝硬化、重度肝炎的患者進行腫瘤標誌篩檢，將會測出很高的ＡＦＰ（甲型胎兒蛋白）指數，這是一種肝癌的腫瘤標誌。而像是上述情形一樣，患者並未罹患癌症，卻於檢查中顯示為陽性時，即為所謂的「**偽陽性**」。相反地，若是患者其實罹患癌症，卻於檢查中顯示為陰性時，即為所謂的「偽陰性」。在進行腫瘤標誌篩檢時，有可能像是上述情形，結果為偽陽性。正因為如此，所以我會說：不要因檢查結果而空自喜悲。

不過，醫師也並非平白無故就要求患者接受腫瘤標誌篩檢。與其他的檢查項目相同，腫瘤標誌篩檢同樣是一個綜合診斷患者病情的材料。而當醫師要求患者接受腫瘤標誌篩檢，患者也應該仔細地詢問醫師「為什麼要進行該檢查」，充分了解後再接受腫瘤標誌篩檢。

瓣膜性心臟病

Valvular Heart Disease

防止血液逆流的瓣膜出現異常而引發的疾病

Focal Point

也有可能是因為蛀牙或受傷所造成的細菌感染

心臟有著四個瓣膜，幫助讓靜脈血與動脈血流往同一方向，不會逆流。右心房與右心室之間有著「**三尖瓣**」、右心室與肺動脈之間有著「**肺動脈瓣**」、左心房與左心室之間有著「**二尖瓣**（僧帽瓣）」、左心室與主動脈之間有著「**主動脈瓣**」。每個瓣膜都會在送出血液時開啟，並於送出血液後關閉，以避免血液逆流。

當上述瓣膜周遭，以及負責開閉的組織出現障礙時，即為「**瓣膜性心臟病**」。瓣膜性心臟病這種症狀容易併發心臟衰竭，又可大致區分為先天異常所導致的類型，及後天障礙所導致的類型。

風溼熱、心肌梗塞、動脈硬化等疾病則是造成後者的原因。若是採功能障礙的類型來分類，則可分為造成血液逆流的「瓣膜閉鎖不全」，以及阻礙血液循環的「瓣膜狹窄」。

心臟的構造

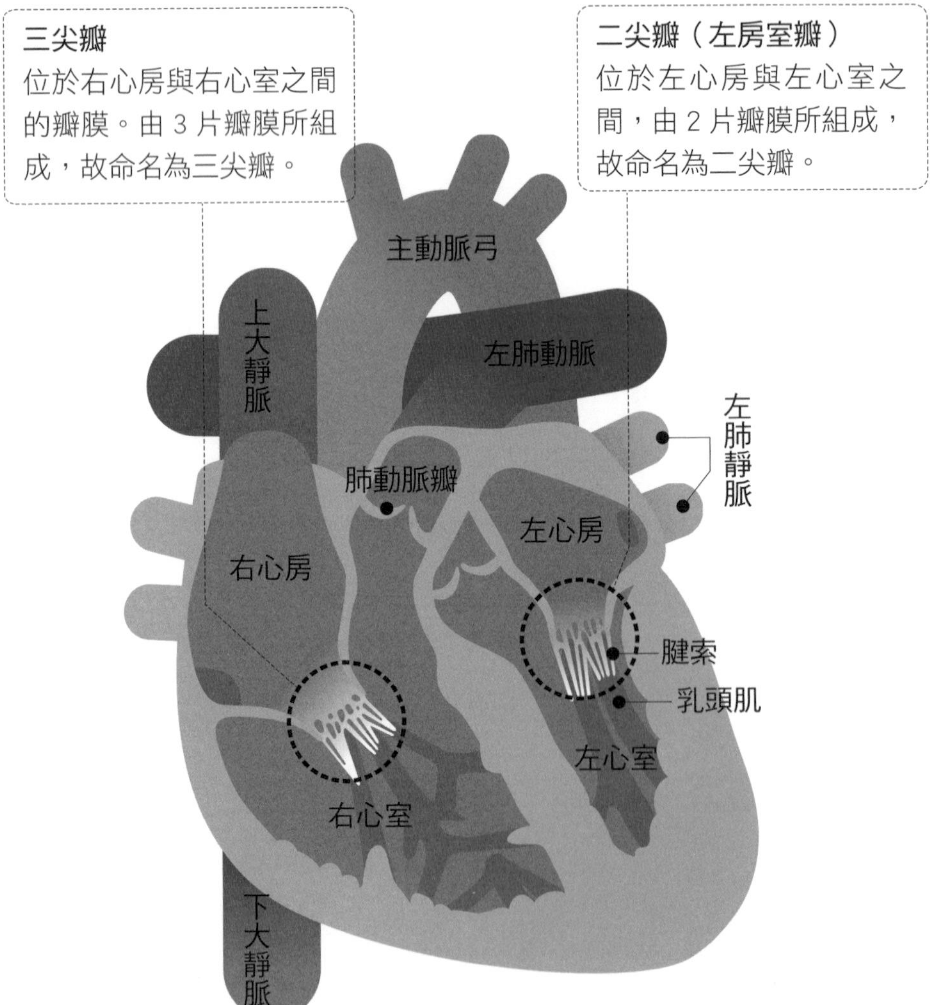

三尖瓣
位於右心房與右心室之間的瓣膜。由 3 片瓣膜所組成，故命名為三尖瓣。
二尖瓣（左房室瓣）
位於左心房與左心室之間，由 2 片瓣膜所組成，故命名為二尖瓣。
主動脈弓
上大靜脈
左肺動脈
左肺靜脈
肺動脈瓣
左心房
右心房
腱索
乳頭肌
左心室
右心室
下大靜脈

大約十年前，因為風溼熱後遺症而罹患瓣膜性心臟病的案例很多，但現在造成瓣膜性心臟病的原因則變得五花八門，譬如：因心肌梗塞導致原本支撐二尖瓣的肌肉與組織出現障礙，進而令二尖瓣的功能降低，造成瓣膜閉鎖不全；或是因動脈硬化或年齡漸長導致瓣膜硬化，因而造成瓣膜功能異常；甚至是因罹患蛀牙或是受傷，讓細菌侵入血液，進而令瓣膜出現障礙等。

根據出現障礙的部分不同，瓣膜性心臟病的症狀也有所差異，像是二尖瓣出現障礙時，患者即會有呼吸困難、肺瘀血等症狀。此外，也因為無法自左心房送出充足的血液至左心室，導致患者容易出現心悸。若是主動脈瓣出現障礙時，則患者在年輕時沒有什麼特別症狀，卻在四十歲左右突然發病的情形不在少數，症狀則包括心悸、喘不過氣、呼吸困難、心律不整等。

若只是罹患輕度的瓣膜性心臟病，保持靜養、避免攝取過多鹽分，藉此調整體況最為重要。但罹患的是重度瓣膜性心臟病時，普遍而言都需要接受手術治療，進行人工瓣膜手術，藉此汰換出現障礙的心臟瓣膜，此種手術相當普及。

傾食症候群

Dumping Syndrome

因切除胃部而引發的諸般症狀

Focal Point

首先透過增加用餐次數加以應對

因切除胃部而引發的諸般症狀統稱為「**胃切除後症候群**」，「**傾食症候群**」則為其中之一。由於切除胃部讓胃的體積變小，導致所攝取的食物較快抵達小腸，進而令患者於飯後出現諸般令人不快的症狀。

傾食症候群又可大致區分為於飯後半小時內出現的早期傾食症候群（Early Dumping Syndrome），以及於用餐後二到三小時出現的晚期傾食症候群（Late Dumping Syndrome）。

前者會出現全身倦怠、眩暈、心悸、冷汗、腹痛、嘔吐等症狀，這是由於在食物送抵小腸後，人體快速分泌血清素與組織胺，進而導致自律神經失調，造成上述諸般症狀。後者則會出現冷汗、虛弱無力、眩暈等症狀，這是因為碳水化合物快速被人體消化，因此令血糖飆高，導致胰臟分泌過多的胰島素；但此時胃腸道內已經沒有任何食物能讓患者血糖迅速下降，進而引發上述諸般症狀。

不管是哪一種，都可說是因為胃部體積比一般人小，因而引發的症狀。

最常用來治療傾食症候群的療法乃是飲食療法。由於患者接受胃切除術之後，胃部體積變得較小，可採取少量多餐的方法進食，將原本分為三餐食用的份量，改分為五餐，乃至於六餐食用。飲食內容則以低碳水化合物、高蛋白、高脂肪的食物為佳。除此之外，聰明的患者也會避免攝取過冷的飲食，以防對腸道造成刺激。

假如無法透過飲食療法來治好傾食症候群時，則可以考慮服用抗組織胺或血清素抑制劑等藥物來進行治療，視情況也可以考慮接受胃部重建手術。

若是只有腹痛等消化器官方面的症狀，或只有因突然站起而出現頭暈目眩等症狀，則不能稱作傾食症候群。

手指扭傷

Jammed Finger

手指韌帶部分斷裂，乃至全數斷裂

Focal Point

掌握RICE緊急處理

只要是有接觸過籃球、排球、棒球等運動的人，相信都曾經體驗過「**手指扭傷**」吧。當球垂直碰撞到手指時，或是手指直接碰撞到牆壁等硬物時，都有可能因外力造成手指扭傷的症狀。

手指扭傷係指手指韌帶部分斷裂，乃至全數斷裂的狀態。由於人們主要會於運動時出現手指扭傷的症狀，因此手指扭傷被分類為運動外傷。

可試著看看自己的手指，就能發現手指分為三節（只有拇指是兩節）。在醫學上，將上端的關節稱作「ＤＩＰ關節」、中間的關節稱作「ＰＩＰ關節」、下端的關節稱作「ＭＰ關節」。

手指扭傷時，關節將出現腫脹及疼痛等症狀。這時還只是單純的手指扭傷，但是當傷勢嚴重時，甚至可能造成負責在伸展手指時運作的伸指肌腱斷裂，乃至於出現脫臼、骨折等症狀。

有人認為在手指扭傷時，可以透過拉伸手指的方式幫助恢復，但這可能會導致脫臼、骨折等反效果。因此，若各位手指扭傷時，最好前往整形外科等門診接受妥善診斷。

「RICE緊急處理」能夠在手指扭傷時起到幫助。所謂RICE緊急處理，是一種處理運動傷害的基本原則，也可使用挫傷等傷勢處理。R代表Rest（休息），I代表Ice（冰敷），C代表Comperess（壓迫、固定），E代表Elevate（抬高）。

壓迫、固定，指的是採運動貼紮

何謂手指扭傷？

手指扭傷時，會有人以拉伸手指的方式進行緊急處理，但是這反而會造成肌腱受傷。

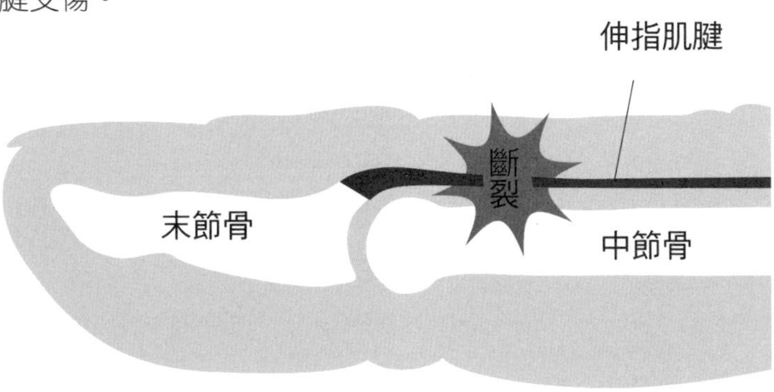

（Sports Taping），或是以木板固定手指關節，避免其活動，並將患部抬高至高於心臟的位置。而在整套ＲＩＣＥ緊急處理當中，最為重要的則是Ｉ所代表的冰敷，因此壓迫與固定的處理被放在冰敷後面。進行冰敷，使用小冰袋相當方便，若是手邊沒有小冰袋時，則可以將碎冰塊放入塑膠袋中，再倒入少量的水，即可用於冰敷。如果一時之間難以準備冰敷用的道具，持續向患部潑冷水也有一定的舒緩效果。

若是遲於進行緊急處理，或是手指數度扭傷，則手指關節將會變得粗大，導致關節可活動的範圍變小。雖說指關節粗大很少會伴隨疼痛，但仍屬於後遺症，因此當各位手指扭傷時，盡快進行緊急處理可說是相當重要。

腦動脈瘤 Cerebral Aneurysm

腦內某部分的動脈膨脹如腫包的症狀

Focal Point

即便發現有腦動脈瘤也無須煩惱

所謂「**腦動脈瘤**」，係指腦內某部分的動脈壁膨脹如腫包的症狀。這是由於動脈壁無法負荷作用於其上的壓力（血壓），因而產生的症狀。若是腦動脈瘤破裂時，症狀就會發展成「**蜘蛛膜下腔出血**」。

腦動脈瘤的成因可分為先天與後天，動脈壁的局部存在特別薄弱的區域，這是造成先天性腦動脈瘤的原因；而腦內動脈硬化、頭部外傷、腦內動脈遭到細菌感染，造成的則是後天性腦動脈瘤。普遍而言，即便罹患腦動脈瘤，症狀也不會馬上出現。腦動脈瘤最為可怕的地方，就是它會在毫無預兆的情況下破裂。一旦腦動脈瘤破裂，患者常會出現像是頭部遭到球棒重擊般的劇痛，乃至嘔吐及意識障礙等症狀，並進一步發展成蜘蛛膜下腔出血。

在進行腦部健檢時，於磁振血管攝影（ＭＲＡ）、３Ｄ腦血管造影（３Ｄ-ＣＴＡ）等檢查項目發現腦動脈瘤的情形並不少見。通常，四十歲以上的人是腦動脈瘤的好發族群。而根據資料顯示，估計全體人類當中約有百分之一・五至五的人罹患腦動脈瘤（根據日本ＩＶＲ學會官網資料）。腦動脈瘤這種症狀其實比想像中更貼近我們的生活。

現在有不少腦神經外科醫師，在透過檢查發現患者罹患腦動脈瘤後，會選擇動手術；但是腦部手術在進行上相當困難，並非所有腦部手術都能夠順利完成。因此對患者來說，若非情況已經相當危急，或許可在比較選擇不動手術，導致腦動脈瘤在之後破裂的風險，與動手術可能造成的後遺症，以及手術成功率的風險之後，再決定是否要動手術。

如果患者無法同意主治醫師的說明時，則可再徵詢**第二意見**，以獲得自己可接受的診療品質。

鼻血 Epistaxis

約九成的鼻血都是來自微血管

Focal Point 什麼是「克氏靜脈叢」？

挖鼻孔、碰撞而導致鼻腔內部受傷時，就會造成「**鼻血**」。醫學上則稱作「鼻出血」。鼻腔內部匯聚有微血管，因此只要稍稍受傷就會流血。

鼻腔入口有個部位稱作「**克氏靜脈叢**」，微血管匯聚於此部位。資料顯示，約九成的鼻血都是來自克氏靜脈叢出血。克氏靜脈叢出血時，捏住兩側鼻翼可說是最為有效的止血方法。

但是除了受傷會導致流鼻血之外，罹患重大疾病也有可能併發流鼻血的症狀，譬如高血壓、動脈硬化等循環器官方面的疾病等。罹患循環器官方面的疾病時，將會導致血壓升高，進而造成克氏靜脈叢出血。血壓上升時，患者將會持續流鼻血，因此保持心情沉靜，藉此讓鼻血停止相當重要。

罹患有腎臟病、肝臟病等內臟方面疾病，以及白血病、血友病、血小板減少症等血液方面疾病者，也有容易流鼻血的傾向。若因上述疾患而有鼻出血症狀者，通常也會併發牙齦出血等全身性症狀。若是流鼻血持續好長一段時間，仍難以止血時，則可試著接受醫師診斷。

此外，若頭部用力撞擊地面等情形也可能造成流鼻血。此時須多加注意，因撞擊可能使得頭蓋骨某個部位破裂，導致腦脊液外漏，並與鼻血一起自鼻孔流出。此時鼻血的特徵是較為清澈，這是因為當中混雜有腦脊液的緣故；同時，也會有口腔出血、耳出血等症狀，患者應盡快前往腦神經外科接受醫師診斷。

希望各位記得，雖說只是單純的流鼻血，但造成流鼻血的原因可說是各式各樣呢。

何謂克氏靜脈叢？

克氏靜脈叢位於鼻中膈前，匯聚有大量血管，但是黏膜組織較薄，因此只要稍微受傷就容易出血。

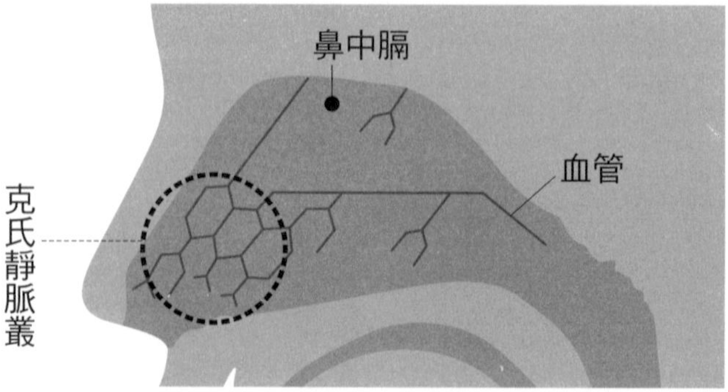

大流行 Pandemic

造成世界性大流行的感染症

Focal Point

西班牙大流感曾經造成四千萬人喪命

「**大流行**」係指某種感染症於特定期間造成全球性的流行疫情。以這層意思來說，現在的大流行多指新型流感（本書當中提到大流行時，代表的也是新型流感）。大流行的英文是「Pandemic」，其中 Pan 指的是「全球性」，Demic 指的則是「擴散」。另外，地區性的流行疫情則是用流行病（Epidemic）這個詞彙來代表，Epi 指的是「地區性」。

人們於一九一八年疫情蔓延全球的**西班牙大流感**爆發之後，開始使用大流行這個詞彙。當時全球人口約有十八億人，其中約有四千萬人以上死於西班牙大流感——亦即代表全球約百分之二的人口因此喪命。當時日本國內也有大量罹患西班牙大流感而喪命的案例，死亡人數估計達三十九萬人。

西班牙大流感也是一種新型流感造成的大流行，在這之後，全世界也接連爆發亞洲流感（一九五七年，全球死亡人數估計達兩百萬人以上）、香港流感（一九六八年，全球死亡人數估計達一百萬人以上）等疫情；而二〇〇九年蔓延全球的H1N1新型流感亦令人記憶猶新。資料顯示，二〇〇九年的疫情遍及全球二百一十個國家、地區，約造成兩萬人因此喪命。

人口更替，這或許是導致每隔十到四十年定期出現大流行（新型流感）疫情的原因之一。也就是說，對新型流感沒有免疫力的人越多，就會有越多人遭到感染。女性大多會在二、三十歲時結婚生子，這亦代表了嶄新世代的形成。

二〇一三年十一月，據WHO世界衛生組織報告，確認中國出現兩例A型禽流感病毒（H7N9）的感染案例。現階段雖還沒禽流感會人傳人的確切證據，但研究結果也顯示，並不能保證禽流感在未來不會出現人傳人的案例（根據東京大學醫科學研究所感染暨免疫部門病毒感染研究分野教授：河岡義裕先生之研究）。

現在除了日本，全世界多得是人口密度高，且交通設施發達的國家與地區，我不禁感到憂心，若是不幸爆發大流行疫情，那麼死亡人數是否會遠超過西班牙大流感造成的數字呢？

面對大流行疫情，我們能做到的對策就是管理好自己的生活型態，譬如購買充足的口罩與漱口水，並且於疫情爆發時盡量避免出門等。

脈搏 Pulse

脈搏短促者的壽命較短!?

Focal Point

「脈搏數」＝「心跳數」

在醫院接受健康檢查時，第一個檢查項目就是測血壓與脈搏數。脈搏數，可說是醫師開始為患者看診前，必須掌握的基本資料。

「**脈搏**」係指當心臟規律收縮，藉此擠壓出血液時，傳導至動脈的週期運動。日本人也會將脈搏簡稱為「脈」。普遍來說，脈搏數指的是量測手腕內側脈博一分鐘測得的數字。而誠如前面所述，脈搏數是心臟送出血液的數字，因此與心跳數可說是相同。

通常成年男性每分鐘的脈搏數應為六十五到七十五次，成年女性應為七十到八十次，兒童應為八十到九十次，幼兒應為一百一十到一百二十次，新生兒應為一百三十到一百四十次，高齡者應為六十到七十次。脈搏數過多即為頻脈，過少則為徐脈。成年人的脈博數高於九十次為頻脈，低於五十次則為徐脈。

人類等哺乳類動物有著所謂「心跳數為定數」的法則；也就是說，不管其體積是大是小，人類等哺乳類動物一輩子的心跳數並無二致。某個學說指出，哺乳類動物一輩子的心跳數約為二十億次。如此想來，即代表脈搏快的動物壽命較短，脈搏慢的動物壽命較長。例如，大象這種動物的壽命普遍較長，從大象的心跳數來看，即可接受其生態。

根據丹麥某團隊的研究數據顯示，即便一個人的身體健康，但心跳越快，則死亡風險越高。看樣子壽命似乎與心跳數有著某種緊密關聯呢。

測量脈搏數的位置則包括手腕內側（橈動脈）、上臂內側（肱動脈）、下顎下方（總頸動脈）三處。以手腕內側測量脈搏數時，位置為手腕往下算去一到兩公分處，落在食指的延長線上。以上臂內側測量脈搏數時，位置為手肘彎曲處往上算去一到兩公分處。以下顎下方測量脈搏數時，位置為下顎骨左側。

當處於興奮或緊張狀態時，脈搏數將會增加；而相較於坐著時，站立時的脈搏數也會增加，因此最好採坐姿測量脈搏數。如果小孩測量時無法保持一分鐘靜止不動，則可以改測量三十秒，再將測得數字乘以兩倍。除此之外，若是能測量兩次脈搏數，再取其平均值，就可讓數字更加正確。

索引

〔5劃〕

〔6劃〕

〔9 劃〕

〔7 劃〕

〔8 劃〕

〔12劃〕

〔 10 劃 〕

〔 11 劃 〕

〔15～16劃〕

〔17～21劃〕

〔 13 劃 〕

〔 14 劃 〕

家庭必備的醫學事典

疾病×藥品×醫用語
實用的醫療小百科

作　　者　中原英臣
譯　　者　謝承翰

發 行 人　程顯灝
總 編 輯　呂增娣
主　　編　李瓊絲、鍾若琦
資深編輯　程郁庭
編　　輯　許雅眉、鄭婷尹
編輯助理　陳思穎
美術總監　潘大智
資深美編　劉旻旻
特約美編　陳信和
美　　編　游騰緯、李怡君
行銷企劃　謝儀方、吳孟蓉

發 行 部　侯莉莉
財 務 部　許麗娟
印　　務　許丁財
出 版 者　四塊玉文創有限公司

總 代 理　三友圖書有限公司
地　　址　106 台北市安和路 2 段 213 號 4 樓
電　　話　(02) 2377-4155
傳　　真　(02) 2377-4355
E － mail　service@sanyau.com.tw
郵政劃撥　05844889 三友圖書有限公司

總 經 銷　大和書報圖書股份有限公司
地　　址　新北市新莊區五工五路 2 號
電　　話　(02) 8990-2588
傳　　真　(02) 2299-7900

製版印刷　皇城廣告印刷事業股份有限公司
初　　版　2015 年 7 月
定　　價　新臺幣 320 元
I S B N　ISBN 978-986-5661-41-0（平裝）

SAN YAU
http://www.ju-zi.com.tw
三友圖書
友直 友諒 友多聞

國家圖書館出版品預行編目 (CIP) 資料

家庭必備的醫學事典：疾病 X 藥品 X 醫用語，實用的醫療小百科 / 中原英臣監修；謝承翰翻譯．-- 初版．-- 臺北市：四塊玉文創，2015.07
面；　公分
ISBN 978-986-5661-41-0(平裝)
1. 家庭醫學 2. 保健常識

429　　104011275